できる fit

ドコモ の

アイフォーン

iPhone

13

/mini/Pro/Pro Max

基本+活用ワザ

法林岳之・橋本 保・清水理史・白根雅彦&できるシリーズ編集部

インプレス

iPhone 13 シリーズの 注目ポイント！

最新の技術で、より高性能に、より使いやすくなった iPhone 13 の魅力に迫ってみましょう。ここではモデルごとの特徴、より高性能になったカメラ機能や新しくなった iOS 15 など、注目ポイントを説明します。

さらに強化された「iPhone 13」「iPhone 13 mini」

普及モデルとなる iPhone 13 は、見た目やサイズは従来の iPhone 12 と似ていますが、内部はまったく新しく設計されています。たとえば、画面上部のノッチの改善により画面領域が広くなり、カメラも従来の iPhone 12 Pro 相当の機能が利用可能です。同等の性能やカメラ機能を持つコンパクトな iPhone 13 mini もラインアップし、選択肢の幅も広がりました。

新しいカメラシステム

2つのレンズを斜めに配置して、より大きなセンサーを採用。センサーシフト光学式手ぶれ補正も搭載されました。

基本性能が パワフルに進化

前面カメラの再設計により上部のノッチ（切り欠き）が約20％コンパクトになり、画面が広く使えるように。iPhone 13 も iPhone 13 mini も同じ CPU とカメラシステムを採用しており、サイズの好みで選べます。

美しく耐久性の高いデザイン

iPhone 13/iPhone 13 mini は、軽量なアルミニウム製のフレームを採用しています。カラーバリエーションも5色と豊富で、個性に合わせて、カラーを選ぶことができます。背面は光沢のあるガラス製で、華やかな印象を与えるデザインに仕上げられています。

カラフルなアルミニウムフレーム

iPhone 13/13 mini は (PRODUCT)RED、スターライト、ミッドナイト、ブルー、ピンクの5色展開。前面のガラスは強靭な Ceramic Shield（セラミックシールド）を採用。

高性能な「iPhone 13 Pro」「iPhone 13 Pro Max」

高性能モデルとなる iPhone 13 Pro/iPhone 13 Pro Max は、よりなめらかな表示が可能なディスプレイや強化されたカメラ機能が特徴のモデルです。高級感ある光沢仕上げのステンレススチール製フレームと背面のマットなガラスの組み合わせがとても印象的です。4色のカラーバリエーションは新鮮なシエラブルーもラインアップされています。iPhone 13 Pro Max は 6.7 インチの大型ディスプレイと大容量バッテリーを備えた最上位モデルとなります。

6.1 インチ／ 6.7 インチの大画面

iPhone 13 Pro は 6.1 インチ、iPhone 13 Pro Max は 6.7 インチの OLED ディスプレイを搭載。ステンレススチールのフレームとマットなガラスの背面の質感が魅力。

プロ並みの映像が手軽に撮れるカメラ機能

高性能な CPU（A15 Bionic）の採用で、より高度な画像処理が可能になり、手軽に美しい写真や映像を撮影できるようになりました。動画でも背景をぼかすことで印象的な映像を撮影できるシネマティックモードは、iPhone 13 シリーズの全モデルで利用可能で、誰でも手軽にプロのような映像撮影を楽しむことができます。

フォトグラフスタイル

スワイプしてフォトグラフスタイルを選択します。"カメラ"で直接写真を自分の好みに変えることができます。

"標準"スタイル
トーン **0**　　暖かみ **0**
iPhone のカメラがデフォルトで生成する画像で、バランスがよく、実際の見た目に一番近くなります。

フォトグラフスタイル

撮影時や編集時に好みの画調を切り替えられる機能。肌の色など被写体の要素を保ったまま、「トーン」「暖かみ」「鮮やかさ」を調整できます。

Pro モデルは光学 3 倍ズームに対応

iPhone 13 Pro/13 Pro Max では超広角、広角、望遠の3つのレンズを搭載し、光学3倍ズームに対応。イメージセンサーの大型化で明るく撮影できます。

マクロ撮影

Pro モデルでは被写体に最短2センチメートルまで寄れるマクロ撮影に対応。レンズは自動的に切り替わります。

00:00:00

シネマティックモード

ビデオ撮影時に被写体の動きに合わせて、ピントとぼかしを変化させ、「ピント送り」の効果を実現するユニークな機能です。

細かな使いやすさが向上した iOS 15

最新の iOS 15 が搭載されています。これまでの iOS のデザインを継承しながら、より使いやすさを追求した改善が数多く加えられました。日常的な操作でストレスを感じさせないユーザビリティの高さが特徴です。さまざまなアプリもアップデートされ、利便性が向上しました。

通知の要約

決めた時間に通知をまとめて受け取ります。[設定]の画面の [通知] – [時刻指定要約] で設定します。

集中モード

通知を一時的に制限するモード。睡眠中や仕事中など、状況別にカスタマイズできます。

新しい FaceTime

グループ通話などの機能を強化。iPhone を持っていない友だちも通話に参加できます。

[Safari]のタブグループ

同時に開いている Web ページのタブをグループ分けできるようになりました。

バッテリー効率が良くワイヤレス充電にも対応

省電力機能の見直しが図られ、より長時間の駆動が可能になりました。いずれのモデルも従来の同クラスの iPhone より、大容量のバッテリーが搭載されています。MagSafe による充電に加え、ワイヤレス充電にも対応し、手軽に充電できます。

MagSafe 充電器

iPhone 13 シリーズの背面に内蔵された磁石で、完璧な位置に装着。ワイヤレス充電がよりすばやく完了します。

目次

第1章 **iPhoneの基本を知ろう**

—— iPhoneとは

第 **6** 章 アプリを活用しよう

本書に掲載されている情報について

・本書で紹介する操作はすべて、2021 年 10 月現在の情報です。
・本書では、NTT ドコモと契約している、iOS 15.0.1 が搭載された iPhone 13 を前提に操作を再現しています。また「Windows 10」もしくは「macOS Big Sur」がインストールされたパソコンで、インターネットに常時接続された環境を前提に画面を再現しています。
・本文中の価格は税込表記を基本としています。

「できる」「できるシリーズ」は、株式会社インプレスの登録商標です。
本書に記載されている会社名、製品名、サービス名は、一般に各開発メーカーおよびサービス提供元の登録商標または商標です。なお、本文中には ™ および ® マークは明記していません。

アプリ別インデックス

本書を
iPhoneに入れて
持ち歩ける!!

電子版を
手に入れよう!

本書を購入いただいた皆さまに、電子
版を購入特典として提供します。ダウ
ンロードにはCLUB Impressの会員登録
が必要です(無料)。会員でない方は手
順1から操作してください。

1 CLUB Impressの
ログイン画面を表示する

▼商品情報ページ
https://book.impress.co.jp/
books/1121101061

❶上記のURLを参考に商品情
報ページを**表示**

❷画面を下に**スクロール**

❸[特典を利用する]を
タップ

2 CLUB Impressの会員登録を
開始する

ログイン画面が表示された

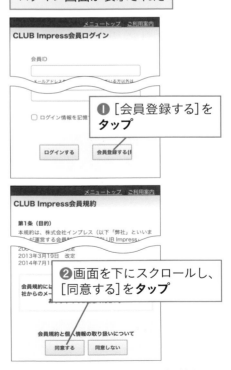

❶[会員登録する]を
タップ

❷画面を下にスクロールし、
[同意する]を**タップ**

次のページに続く→

3 会員情報を登録する

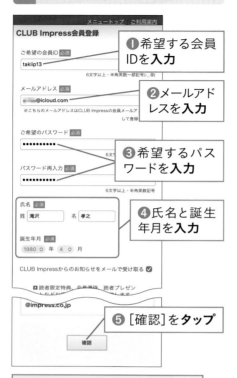

❶希望する会員 IDを入力

❷メールアドレスを入力

❸希望するパスワードを入力

❹氏名と誕生年月を入力

❺[確認]をタップ

入力した会員情報が表示された

❻[作成]をタップ

❼登録したメールアドレスに届く会員登録確認のメールに表示されたURLをタップ

4 電子版をダウンロードする

❶前ページの手順1を参考に、ログイン画面をもう一度表示

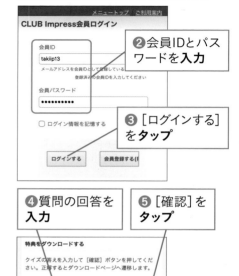

❷会員IDとパスワードを入力

❸[ログインする]をタップ

❹質問の回答を入力

❺[確認]をタップ

質問に正解すると[ダウンロード]ボタンが表示される

❻[ダウンロード]をタップ

ワザ049を参考にして、PDFを保存する

第1章

iPhoneの基本を知ろう

iPhoneって何ができるの?

iPhone 13シリーズは2019年発売の「iPhone 11」シリーズから続く新世代の
iPhoneの流れを受け継いだ最新機種です。アプリなどは「iOS」に対応したものが
利用でき、インターネットやSNS、音楽、映像、ゲームなどを楽しむことができます。

iPhoneを使ってできること

●インターネット

> Webページを閲覧したり、インターネット上で提供されるさまざまなサービスを利用できる

●アプリの活用

> 生活や仕事に便利なアプリをはじめ、ゲームや学習など、多彩なアプリを自由に追加して、活用できる

HINT 本体前面カメラでロックを解除できるFace ID

iPhone SE(第2世代)やiPhone 8シリーズまでは、ホームボタン内蔵の指紋
認証センサーでロックを解除していましたが、iPhone 13シリーズでは本体
前面のカメラで本人を識別し、ロックを解除する「Face ID」を利用します。

●カメラで写真やビデオを撮影

高性能なカメラで写真やビデオを撮影し、iPhoneで楽しんだり、友だちや家族と共有できる

●Apple Pay

クレジットカードやSuicaを登録しておくと、iPhoneをかざして、買い物をしたり、電車に乗ることができる

従来のiPhoneとの違い

iPhoneは初代モデルからiPhone 8シリーズ、iPhone SE（第2世代）まで、本体前面にホームボタンを備えていましたが、iPhone 13シリーズにはホームボタンがなく、画面を上方向にスワイプすると、ホーム画面が表示されます。詳しい操作はワザ006で解説します。また、ワイヤレス充電にも対応し、対応充電器に置くか、MagSafe対応充電器を背面にセットすると、充電できます。

ホームボタンがなく、大きな画面をタッチして操作する

HINT 防水に対応している？

iPhone 13シリーズはIP68等級に準拠した防沫、耐水、防塵性能を備えています。水深6メートルに最大30分間、沈めても浸水しないように設計されています。ただし、水に濡れたときは、乾いたタオルなどで水分を拭き取ってから、使うようにしましょう。

1 基本
2 設定
3 電話
4 メール
5 ネット
6 アプリ
7 写真
8 便利
9 疑問

各部の名称と役割を知ろう

iPhone 13シリーズは前面のほとんどをディスプレイが覆い、側面にボタン、前面の上や背面にカメラを備えています。iPhone 8以前やiPhone SE（第2世代）にあったホームボタンはありません。各部の名称と役割を確認しましょう。

第1章 iPhoneの基本を知ろう

iPhone 13シリーズの前面と下面の各部の名称

❶前面側カメラ
「Face ID」や「自分撮り」、「FaceTime」などで利用する

❷レシーバー／前面側マイク／スピーカー
通話時に相手の声が聞こえる。iPhoneを横向きに持ったときはステレオスピーカーになる

❸底面のマイク
通話や音声メッセージを記録するときに利用する

❹Lightningコネクタ
同梱のUSB-C - Lightningケーブルを接続して、充電やパソコンと同期するときに使う

❺スピーカー
着信音や効果音などが鳴る。スピーカーフォンのときには相手の声が聞こえる

●まめ知識　Face IDによる顔認証は、前面のTrueDepthカメラが顔の凹凸などを読み取って認証します。

iPhone 13シリーズの右側面／背面／左側面の各部の名称

❶サイドボタン（電源ボタン）

短く押すと、スリープによるロックと解除ができる。長押しで電源のオン、音量ボタンとの同時長押しで電源のオフができる

❷背面側マイク

❸背面側カメラ

写真やビデオの撮影で利用する

❹フラッシュ

写真やビデオを撮影するときに光らせて、明るくする

❺音量ボタン

音量の大小を調整できる。[カメラ]の起動時に押すと、シャッターを切れる

❻着信／サイレントスイッチ

電話やメールの着信音のオン／オフを切り替えられる

❼SIMトレイ

SIMカードを装着する

1 基本

2 設定

3 電話

4 メール

5 ネット

6 アプリ

7 写真

8 便利

9 疑問

HINT　iPhoneを充電しよう

iPhoneは本体内蔵のバッテリーで動作します。同梱のUSB-C - Lightningケーブルを市販のUSB-C対応ACアダプタに接続し、コンセントに挿すと、充電ができます。MagSafe対応の充電器を背面にセットして、充電できるほか、Qi（チー）規格のワイヤレス充電器でも充電ができます。ワイヤレス充電はケーブル接続時に比べ、充電の時間が長くなります。充電状態は画面右上のバッテリーのアイコンで確認できます。

付属のケーブルで充電ができる

003

Hardware

iPhoneの画面を表示するには

通常、iPhoneは電話やメールを受けられるように、電源を切らずにスリープ状態にしておきます。サイドボタンを押したり、本体を持ち上げると、画面が点灯してロック画面が表示され、ロックを解除すると、操作できるようになります。

第1章 iPhoneの基本を知ろう

スリープの解除

1 スリープを解除して、画面のロックを解除する

❶本体を**持ち上げる**

サイドボタンを押すか、画面をタップしてもいい

ロック画面が表示された

❷画面の下端から上に**スワイプ**

操作画面が表示される

サイドボタンを押すと、スリープの状態に切り替わる

HINT iPhoneが懐中電灯になる

ロック画面の左下の懐中電灯アイコン（🔦）をロングタッチすると、背面カメラ部のフラッシュライトが点灯し、iPhoneを懐中電灯として使えます。意図せず、点灯させないように注意しましょう。

HINT スリープって何？

スリープはiPhoneを待機状態にすることです。電源を切ると、電話やメールが着信しなくなりますが、スリープの状態では電源を入れたまま、画面を消灯するので、電話やメールは着信します。

HINT パスコードの入力画面が表示されたときは

パスコード（ワザ082）やFace ID（ワザ083）が設定してあるときは、セキュリティ操作をすることで、ロックを解除します。

🌑まめ知識　ロック画面にはiPhoneの使い方を紹介する［ヒント］の通知が表示されることがあります。

電源のオフ

1 電源をオフにする画面を表示する

サイドボタンといずれかの音量ボタンを1秒程度**押す**

2 電源をオフにする

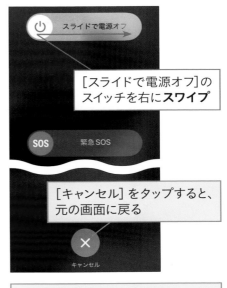

[スライドで電源オフ]のスイッチを右に**スワイプ**

[キャンセル]をタップすると、元の画面に戻る

電源を再びオンにするには、サイドボタンを2〜3秒押す

---

1 基本
2 設定
3 電話
4 メール
5 ネット
6 アプリ
7 写真
8 便利
9 疑問

HINT 電源を切らなければならないときは注意しよう

iPhoneは基本的に電源を切る必要はありませんが、医療機関などでは電子機器の電源をオフにするように求められることがあります。そのような場合は指示に従い、このワザの手順で電源をオフにしましょう。また、その場を離れたとき、忘れずに電源をオンにするようにしましょう。

HINT 音や光を消すだけなら電源を切らなくてもいい

劇場など、音を鳴らしてはいけない場所では、消音モード（ワザ026）や集中モード（ワザ089）が利用できます。航空機の離着陸時など、無線通信が禁止されているときは、コントロールセンター（ワザ011）で機内モードをオンにすることで、無線通信機能だけをオフにできます。

タッチの操作を覚えよう

iPhoneは画面に表示されるボタンやアイコンをタッチして操作します。タッチの方法には「タップ」や「スワイプ」などの種類があり、操作によって使い分けます。タッチの操作について、確認しておきましょう。

第1章 iPhoneの基本を知ろう

●タップ／ダブルタップ

画面の項目やアイコンを指先で軽くたたく

たたいた項目やアイコンに対応した画面が表示される

同じ場所を2回たたくと、ダブルタップになる

●ロングタッチ

画面の項目やアイコンを指で触れたままにする

メニューなどが表示される

HINT 従来の「プレス」は「ロングタッチ」で代用できる

iPhone 13シリーズはiPhone XSシリーズまでが対応していた「3D Touch」を搭載せず、画面を指で押し込む操作「プレス」が使えなくなっていますが、プレス操作の多くはロングタッチ操作で代用できます。

●スワイプ

画面を上下左右に、はらうように触れる

画面の続きが表示される

●ドラッグ

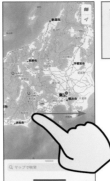

画面の項目やアイコンを指で押さえながら移動する

●ピンチ

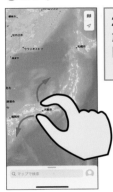

2本の指で画面に触れたまま、指を開いたり、閉じたりする

画面が拡大されたり、縮小されたりする

1 基本

2 設定

3 電話

4 メール

5 ネット

6 アプリ

7 写真

8 便利

9 疑問

HINT　画面の端からスワイプしてみよう

画面の端からスワイプする操作には、機能が割り当てられていることがあります。たとえば、画面左上から下にスワイプすると、通知センター（ワザ010）が表示され、画面右上から下にスワイプすると、コントロールセンター（ワザ011）が表示されます。同じ機能でもiPhone 8シリーズ以前やiPhone SE（第2世代）とは、操作方法が異なるので注意しましょう。

iPhoneの画面構成を確認しよう

iPhoneで電話やカメラなどの機能を使うときは、ホーム画面に表示されているアプリのアイコンをタップします。どのアプリを使っているときでもホーム画面に戻る操作をすると、ホーム画面が表示されます。

第1章 iPhoneの基本を知ろう

ホーム画面の構成

❶ステータスバー
時刻や電波の受信状態、バッテリーの残量などが表示される

❷ウィジェット
天気や予定など簡単な情報が表示される。追加や削除もできる

❸ホーム画面
アイコンやフォルダが表示される。左右にスワイプすると、ページが切り替わる。下にスワイプすると、検索画面になる

❹アプリアイコン
iPhoneにはじめから用意されている機能やダウンロードしたアプリを表す

❺ページの位置
ホーム画面の数と位置が表示される

❻Dock
アプリアイコンやフォルダを常に画面の下部に表示できる

❼フォルダ
複数のアイコンをひとつのフォルダに整理できる（ワザ054）。初期状態では2枚目のホーム画面に［ユーティリティ］というフォルダが用意されている

ステータスバーと通知

iPhoneの画面の最上段には、常に「ステータスバー」が表示されています。ステータスバーには時刻や電波状態、バッテリー残量など、iPhoneの状態が示されます。ホーム画面だけでなく、アプリの利用中もステータスバーは表示されます。ホーム画面のアイコンに通知の数が表示されることもあります。

❶時刻が表示される。起動中のアプリから別のアプリに移動したときは、直前のアプリ名が表示され、タップすると、直前のアプリに戻る

❷ネットワークの接続状況など、そのときに応じたアイコンや通知が表示される

❸未読のメールやメッセージ、不在着信の件数などがバッジ（数字付きのマーク）で表示される

❹通話中や録音中にホーム画面を表示したときや、インターネット共有（テザリング）の利用中に、時刻表示の背景に色が付く

●主なステータスアイコン

アイコン	情報の種類	意味
.ıll 5G	電波（携帯電話）	バーの数で携帯電話の電波の強さを表す
✈	機内モード	機内モードが有効のときに表示される
🛜	Wi-Fi（無線LAN）	Wi-Fiの接続中にバーの数で電波の強さを表す
11:54	時刻	本体に設定されている時刻が表示される
◢ ◹	位置情報サービス（オン/オフ）	位置情報サービスを使っているときに表示される
▭	バッテリー（レベル）	バッテリーの残量が表示される
🔋	バッテリー（充電中）	バッテリーの充電中に表示される

1 基本
2 設定
3 電話
4 メール
5 ネット
6 アプリ
7 写真
8 便利
9 疑問

006

iOS

ホーム画面を表示するには

iPhone 13シリーズでは画面の下端から上にスワイプすると、ホーム画面を表示できます。ロック画面やアプリの利用中など、どの画面からでもホーム画面が表示されます。iPhoneを使う上で基本となるホーム画面の操作に慣れましょう。

第1章 iPhoneの基本を知ろう

1 ホーム画面を表示する

上にスワイプして開く

画面の下端から上に**スワイプ**

2 ホーム画面が表示できた

ホーム画面が表示された

ウィジェットが表示された

HINT **iPhoneを横にしているときも同様に操作できる**

ホーム画面を表示する操作は、どのアプリを使っているときでも共通です。iPhoneを横にして画面を回転させているときは、画面表示の下端（この場合は長辺側）に表示されるバーを上方向にスワイプします。

●まめ知識 iPhoneの製品画像は発表会のプレゼンに合わせているのか、いつも時計が「9:41」です。

3 ホーム画面を切り替える

画面を左に**スワイプ**

4 ホーム画面が切り替わった

画面を右にスワイプすると、元の画面に戻る

1 基本

2 設定

3 電話

4 メール

5 ネット

6 アプリ

7 写真

8 便利

9 疑問

HINT 「ウィジェット」って何？

「ウィジェット」はホーム画面などに表示されるタイル状の簡易アプリで、天気や予定などの最新情報を確認できます。ホーム画面の最初のページをはじめ、ロック画面を右にスワイプしたときの画面にもウィジェットが表示されます。ウィジェットは自分の使い方に合わせ、自由に追加や削除ができます。

アプリの一覧を表示するには

「Appライブラリ」の画面には、iPhoneにインストールされているすべてのアプリがジャンル別に表示されます。アプリがどこにあるのかがわからなくなったときは、Appライブラリを活用しましょう。

第1章 iPhoneの基本を知ろう

1 Appライブラリを表示する

ワザ006を参考に、ホーム画面を表示しておく

画面を左に、複数回**スワイプ**

ホーム画面が増えたときは、最後のページまで左にスワイプする

2 Appライブラリからアプリを起動する

Appライブラリが表示された

アプリがジャンル別に自動で分類されている

右にスワイプするか、画面下端から上にスワイプすると、ホーム画面に戻る

HINT ホーム画面から消してもアプリを使える

使用頻度の低いアプリや普段使わないアプリは、ホーム画面から取り除いて整理できます（ワザ056参照）。アプリを完全に削除しない限り、必要なときにいつでもAppライブラリから起動できます。

メモ

アプリを使うには

iPhoneには電話やメール、カメラなどの機能がアプリとして、搭載されています。ホーム画面にあるアプリのアイコンをタップすると、そのアプリが起動して画面に表示され、それぞれの機能を使えるようになります。

アプリの起動

1 起動するアプリの
アイコンを選択する

ここでは [メモ]を起動する

[メモ]を**タップ**

[メモ] の説明画面が
表示されたときは、
[続ける]をタップする

2 アプリが起動した

[メモ]が起動した

HINT アプリを使い終わったら

アプリを使い終わったら、画面の下端から上にスワイプして、ホーム画面に戻るか、サイドボタンを短く押して、スリープに切り替えます。[ミュージック]などは画面が表示されない状態でも音楽が再生されます。

次のページに続く──→

アプリの切り替え

1 アプリの切り替えを開始する

アプリを起動しておく

画面の下端から上に少し**スワイプ**
して、途中で止めたままにする

2 アプリの切り替え画面を表示する

起動中の別のアプリの画面が
表示された

指を**離す**

HINT 下端を右にスワイプしてもアプリを切り替えられる

アプリを使っているとき、画面の
下端に表示されたバーの部分を右
にスワイプすると、アプリの切り替
え画面を表示せずに、直前に使っ
ていたアプリに切り替えることがで
きます。

画面下端のバーを
右にスワイプする

まめ知識　画面の下端から上にスワイプするとき、最後に指を止めないと、ホーム画面が表示されます。

3 切り替えるアプリを選択する

アプリの切り替え画面で、起動中の
アプリが一覧表示された

左右にスワイプすると、
表示を切り替えられる

切り替えるアプリ
を**タップ**

アプリ画面の外をタップ
すると、アプリの切り替
えを中止できる

4 選択したアプリが表示される

切り替えたアプリが表示された

HINT アプリを完全に終了することもできる

アプリの切り替え画面では、右の手
順でアプリを強制終了させることが
できます。アプリが操作できなくな
るなど、正常に動作しなくなったと
きは、いったん強制終了してから
起動し直すことで、操作できるよう
になることがあります。

アプリの切り替え画面を
表示しておく

アプリを上に**スワイプ**

アプリが完全に終了する

1
基本

2
設定

3
電話

4
メール

5
ネット

6
アプリ

7
写真

8
便利

9
疑問

ロック画面を使いこなすには

iPhoneがスリープ状態のとき、本体を起こすか、サイドボタンを押したり、画面をタップしたりすると、「ロック画面」が表示されます。ロック画面の下端を上にスワイプすると、ロックが解除され、ホーム画面が表示されます。

●ロック画面

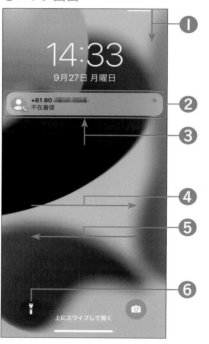

●ウィジェットの画面

❶画面右上から下にスワイプすると、コントロールセンターが表示される

❷不在着信やメールなどの最新の通知が表示される。通知をロングタッチすると、詳細が表示される

❸上にスワイプすると、より古い通知が表示される

❹右にスワイプすると、ウィジェットの画面が表示される

❺左にスワイプすると、［カメラ］が起動する

❻ロングタッチしてオンにすると、フラッシュライトが点灯する

❼キーワードを入力して、情報を検索できる

❽上下にスワイプすると、よく使うアプリやさまざまな情報が表示される

010

iOS

通知センターを表示するには

画面の左上のステータスバーから下に向かってスワイプすると、「通知センター」という画面が表示されます。通知センターには各アプリの通知が新しい順に表示されます。通知をタップすると、各アプリが起動します。

通知センターの表示

1 通知センターを表示する

画面左上から
下に**スワイプ**

2 アプリの通知を確認する

通知をタップすると、通知元の
アプリが起動する

画面を右にスワイプすると、ウィ
ジェットの画面が表示される

通知を右に**スワイプ**

画面を左にスワイプすると、
[カメラ]が起動する

次のページに続く→

3 通知元のアプリが起動した

通知された内容が確認できる

HINT 通知の内容を簡易的に表示できる

通知をロングタッチすると、通知の内容を簡易的に表示できます。簡易表示の外側をタップすると、通知センターの画面に戻ります。

HINT 通知センターの表示内容は変更できる

通知センターにどのアプリの通知をどのように表示するかの設定については、ワザ090で詳しく解説します。通知を左にスワイプし、[オプション] - [設定を表示]をタップすると、そのアプリの通知方法を設定することもできます。

HINT 通知は消去できる

通知センターに表示される通知は、それぞれのアプリを起動して、通知された内容を確認すると、表示されなくなります。また、右の手順のように操作して、通知を消去することもできます。通知センターに × が表示されているときは、タップすると、そこから下の古い通知を一括で消去できます。

通知を左にスワイプし、[消去]をタップする

●まめ知識 コントロールセンターの各エリアをロングタッチすると、詳細画面が表示されます。

011

iOS

コントロールセンターを
表示するには

画面右上のステータスバーから下にスワイプすると、「コントロールセンター」が表示されます。Wi-Fi（無線LAN）やBluetoothなどのよく使う設定を切り替えたり、［計算機］などのアプリをすばやく起動できます。

コントロールセンターの表示

1 コントロールセンターを
表示する

画面右上から下に**スワイプ**

2 コントロールセンターが
表示された

アイコンをタップすると、機能がオンになり、色付きで表示される

画面を上にスワイプすると、コントロールセンターが閉じる

HINT **コントロールセンターはどの画面でも表示できる**

コントロールセンターはアプリを起動しているときやロック画面でも表示できます。［設定］の画面（ワザ017）の［コントロールセンター］から、ロック画面やアプリ起動中に表示できないように設定することもできます。

次のページに続く→

コントロールセンターの構成

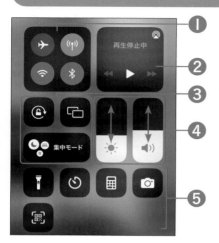

●通信設定の詳細画面

❶機内モードやWi-Fiなどのオン/オフを切り替える。ロングタッチすると、右の詳細画面を表示できる

❷再生中の曲を操作できる

❸画面縦向きのロックやミラーリング、集中モードの設定を切り替える

❹上下にスワイプすると、画面の明るさや音量を調整できる

❺フラッシュライトやタイマーの機能を利用できるほか、［計算機］や［カメラ］を起動できる

●各アイコンの機能

アイコン	名称	機能
✈	機内モード	機内モードのオン/オフを切り替えられる。オンにすると、iPhoneの電波がすべてオフになる
(((•)))	モバイルデータ通信	モバイルデータ通信のオン/オフを切り替えられる
🛜	Wi-Fi	Wi-Fi接続のオン/オフを切り替えられる
✳	Bluetooth	Bluetooth接続のオン/オフを切り替えられる
🔒	画面縦向きのロック	オンにすると、画面が本体の向きに合わせて回転しなくなる。横になってiPhoneを使うときなどに設定する
🖵	画面ミラーリング	Apple TVなど、iPhoneの画面を映し出せる機器を使うことができる
🌙	集中モード	「おやすみモード」などの集中モードを選択して、オン/オフを切り替えられる（ワザ089）
🔦	フラッシュライト	オンにすると、背面のTrue Toneフラッシュを点灯させて、懐中電灯として使える
▦	QRコード	2次元バーコード（QRコード）を読み取るアプリが起動する。［カメラ］のアプリでも読み取れる

●まめ知識　アクティビティなど一部のウィジェットはロック解除しないと表示されません。

iOS

よく使う機能を呼び出すには

ホーム画面を下にスワイプすると、検索の画面が表示されます。キーワードを入力すると、iPhone内にあるアプリや連絡先などのデータを検索できます。またユーザーがよく使うアプリが「Siriからの提案」として表示されます。

1 検索の画面を表示する

ホーム画面中央を下に**スワイプ**

2 検索の画面が表示された

キーワードを入力して検索できる

[Siriからの提案] によく使うアプリが表示される

HINT [Siriからの提案]って何?

iPhoneはユーザーが普段、どのようなアプリを使っているかを学習していて、よく使うアプリを [Siriからの提案] として表示します。特定のアプリを [Siriからの提案] に表示したくないときは、[設定] の画面にある [Siriと検索] で、特定のアプリ名をタップして、[Appを提案]をオフに設定します。

013

文字入力

メモ

キーボードを切り替えるには

iPhoneでは文字入力が可能になると、自動的に画面にキーボードが表示され、タッチで文字を入力できます。何種類かのキーボードが用意されていて、入力する文字の種類や用途に応じて、切り替えながら使うことができます。

1 キーボードを切り替える

ワザ008を参考に、[メモ]を起動し、右下の⊡をタップして、新しいメモを作成しておく

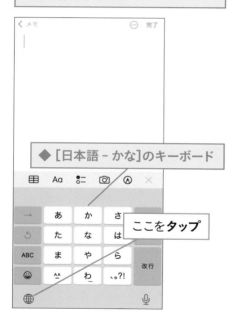

◆ [日本語 – かな]のキーボード

ここをタップ

2 キーボードが切り替わった

◆ [英語]のキーボード

ここをタップ

◆ [絵文字]のキーボード

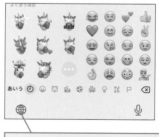

ここをタップすると、[日本語 – かな]のキーボードに切り替わる

HINT キーボードを一覧からすばやく切り替えられる

キーボードの🌐をロングタッチすると、キーボードが一覧で表示されるので、切り替えたいキーボードを選びます。🌐をくり返しタップする必要がなく、直接、使いたいキーボードを選ぶことができて便利なので、覚えておきましょう。

●まめ知識 [123]キーをスワイプすると、キーボードを切り替えずに数字や記号を入力できます。

014 文字入力

メモ

アルファベットを入力するには

メールアドレスや英単語など、アルファベット（英字）を入力するときは、パソコンと似た配列の［英語］キーボードが便利です。Webページのアドレス入力時などは、キー配列の一部が変わることがあります。

1 小文字の「i」を入力する

キーボードを[英語]に切り替えておく

❶Shiftキーを**タップ**

Shiftキーがオフになった

❷ [i]を**タップ**

2 大文字の「P」を入力する

続けて、大文字の「P」を入力する

❶Shiftキーを**タップ**

Shiftキーがオンになった

❷ [P]を**タップ**

HINT 大文字だけを続けて入力できる

大文字を続けて入力したいときは、Shiftキー（⇧）をダブルタップします。⬆が反転表示されている間は、常に大文字で入力できます。元に戻すには、もう一度、Shiftキー（⬆）をタップします。

Shiftキーをダブルタップして、反転表示にする

次のページに続く→

右側縦: 1 基本 / 2 設定 / 3 電話 / 4 メール / 5 ネット / 6 アプリ / 7 写真 / 8 便利 / 9 疑問

3 残りの文字を入力する

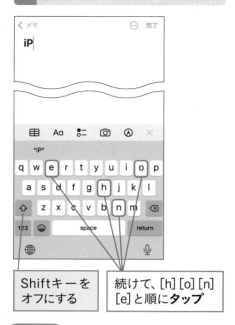

Shiftキーを
オフにする

続けて、[h] [o] [n]
[e]と順に**タップ**

4 小文字と大文字を入力できた

「iPhone」と入力できた

入力を間違えたときは、ここを
タップして、文字を削除する

HINT 数字や記号も入力できる

数字や記号を入力したいときは、表示された［英語］キーボードで、123 と表示されたキーをタップします。切り替え後、#+= をタップすると、さらにほかの記号を入力できます。ABC をタップすると、元のアルファベットのキーボードが表示されます。

123 ──［123］を**タップ**

数字を入力できるようになった

#+= ──［#+=］を**タップ**

記号を入力できるようになった

●まめ知識 ［時計］のアイコンの赤い秒針は、リアルタイムに秒を刻んで動いています。

文字入力

日本語を入力するには

日本語を入力するときは、携帯電話のダイヤルボタンと似た配列の［日本語 - かな］のキーボードを使います。読みを入力すると、漢字やカタカナなどの変換候補が表示されるので、それをタップすると、入力できます。

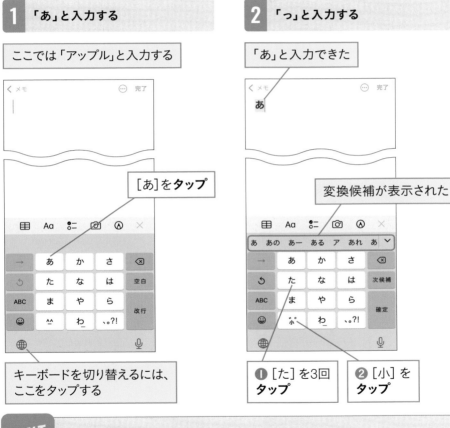

1 「あ」と入力する

ここでは「アップル」と入力する

［あ］を**タップ**

キーボードを切り替えるには、ここをタップする

2 「っ」と入力する

「あ」と入力できた

変換候補が表示された

❶ ［た］を3回**タップ**　❷ ［小］を**タップ**

1 基本

2 設定

3 電話

4 メール

5 ネット

6 アプリ

7 写真

8 便利

9 疑問

HINT　予測変換も利用できる

文字を入力していると、手順2の画面のように、通常の変換候補に加え、入力された文字から予測された変換候補も表示されます。過去に入力した単語を学習し、変換候補として表示する機能もあります。

次のページに続く──→

3　残りの文字を入力する

「っ」と入力できた

❶［は］を3回
タップ

❷［小］を2回
タップ

❸［ら］を3回
タップ

4　カタカナに変換する

「あっぷる」と入力できた

変換候補をタップしてもいい

❶［次候補］
を**タップ**

「アップル」が選択
されるまで、タップ
をくり返す

❷［確定］
を**タップ**

5　日本語を入力できた

「アップル」の変換が確定した

HINT ［日本語 - かな］で数字や記号を入力するには

数字や記号を入力したいときは、ABC をタップします。［日本語 - かな］のときは、一度、タップすると、英字や記号を入力できる画面に切り替わり、続けて、もう一度、☆123 をタップすると、数字が入力できます。

　●まめ知識　日本語で半角スペースを使うには次ページの下の画面で［スマート全角スペース］をオフに。

1 基本

2 設定

3 電話

4 メール

5 ネット

6 アプリ

7 写真

8 便利

9 疑問

HINT [日本語 – かな]のキーボードですばやく入力できる

[日本語 – かな]のキーボードでは、文字に指をあて、そのまま指を上下左右にスワイプさせることで、その方向に応じた文字を入力できます。これを「フリック入力」と呼びます。少し慣れる必要がありますが、キーをタップする回数が減り、すばやく入力できるようになります。

キーの上で指を滑らすように動かす

キーの上で**スワイプ**

●文字の割り当ての例

[あ]には左、上、右、下の順に「い」「う」「え」「お」の文字が割り当てられている

HINT フリック入力専用の設定に切り替えできる

フリック入力に慣れてきたら、フリック入力専用の設定に切り替えることができます。[設定]の画面の[一般]–[キーボード]で[フリックのみ]をオンにすると、キーをくり返しタップして文字を切り替えながら入力する方法が使えなくなり、フリック入力のみになります。たとえば、「あおい」など同じ行のひらがな、「すず」など清音と濁音が混じった単語を入力するとき、1文字ごとに→をタップする必要がなくなります。

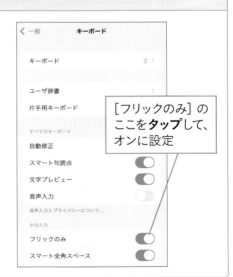

[フリックのみ]のここを**タップ**して、オンに設定

メモ

文章を編集するには

入力した文字に間違いがあったときは、このワザの手順で修正できます。入力済みの文字列をコピーし、別の場所にペーストすることもできます。効率良く文字を入力するために、これらの方法を覚えておきましょう。

文字の編集

1 文字を削除する

ここでは「東口」を削除して、「南口」と入力する

❶削除する文字の右を**タップ**

カーソルが移動した

❷ここを2回**タップ**

2 文字を入力する

文字が削除された

「南口」と**入力**

HINT 操作を間違ったときは簡単な操作で取り消せる

文字を編集中、間違って文字列を消してしまったときなどは、画面を指3本でダブルタップ、あるいは指3本で左にスワイプすることで、直前の操作を取り消すことができます。取り消した操作は、指3本で右にスワイプすることでやり直すことができます。

●まめ知識 日本語入力で［や］のキーを左右にスワイプすると、かぎかっこ（「」）をすぐ入力できます。

文字のコピーとペースト

1 文字をコピーする

> ❶ コピーする文字の前を**ロングタッチ**

> ❷ [選択]を**タップ**

> ❸ [コピー]を**タップ**

> ここを左右にドラッグすると、コピーする文字の範囲を選択し直せる

2 文字をペーストする

> ❶ 文字を挿入する場所を**ロングタッチ**

> ❷ [ペースト]を**タップ**

> 文字列がペーストされた

1 基本

2 設定

3 電話

4 メール

5 ネット

6 アプリ

7 写真

8 便利

9 疑問

HINT カーソル位置や選択範囲を微調整しよう

文字を入力するカーソル位置を細かく移動するには、カーソルをドラッグします。ドラッグ中は指よりも少し上にカーソルが表示され、カーソルの位置を調整しやすくなります。文字列を選択するときは、ダブルタップすると単語単位で、3回タップで段落単位で選択できます。選択範囲を調整するときは、前後のカーソルをドラッグします。

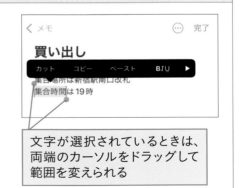

> 文字が選択されているときは、両端のカーソルをドラッグして範囲を変えられる

COLUMN

入っておきたい！
故障や紛失に備える補償サービス

iPhoneは常に持ち歩くため、落としたりすると、本体のガラスが割れたり、ヒビが入ることがあります。ガラスが割れたままでは、画面が見えにくく、ガラスで怪我をしたり、隙間から水が浸入して、故障することもあります。修理は画面だけでも約3万円以上、本体故障時は約5万円以上の修理費がかかります。そこで、大切なのがiPhoneの補償サービスです。アップルでは補償サービスとして、「AppleCare＋」を提供していて、購入から30日以内に加入すれば、故障時も割安に修理ができます。AppleCare＋はiPhoneから直接、アップルに申し込めるほか、NTTドコモでも契約できます。NTTドコモでは独自の「ケータイ補償サービス」も提供していて、トラブル時にすぐに交換品を受け取ることができます。

		iPhone 13/ 13 mini	iPhone 13 Pro/ 13 Pro Max
アップル	AppleCare＋	1万8,800円	2万4,800円
		月額950円	月額1,250円
	AppleCare＋ 盗難・紛失プラン	2万800円	2万6,800円
		月額1,050円	月額1,350円
NTTドコモ	AppleCare＋	月額783円	月額1,033円
	AppleCare＋ 盗難・紛失プラン	月額866円	月額1,116円
	ケータイ補償 サービス	月額825円	月額1,100円

※すべて税込

第2章

iPhoneを使えるように
しよう

017

設定

Wi-Fi（無線LAN）を
設定するには

iPhoneはWi-Fi（無線LAN）でもインターネットに接続できます。Wi-Fi経由の接続なら、各携帯電話会社の料金プランのデータ通信量の対象外なので、安心して大容量のアプリや動画をダウンロードできます。

第2章 iPhoneを使えるようにしよう

［設定］の画面の表示

1 ［設定］の画面を表示する

ホーム画面を表示しておく

［設定］を**タップ**

2 ［設定］の画面が表示された

iPhoneのさまざまな機能は
ここから設定する

HINT iPhoneの基本設定は［設定］の画面から

手順2の［設定］の画面では、画面の明るさやセキュリティ、Apple IDなど、iPhoneの基本機能を設定します。誤った設定をすると、iPhoneが正しく動作しなくなることがあるので、不必要な設定変更は控えましょう。

Wi-Fi（無線LAN）の設定

1 無線LANアクセスポイントの情報を確認する

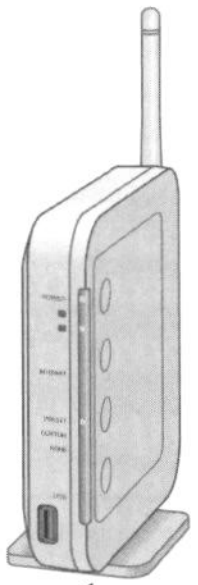

◆無線LANアクセスポイント
アクセスポイントや無線LANルーターとも呼ばれる

Wi-Fiの接続に必要な情報は、無線LANアクセスポイントの側面や底面に記載されている

SSID	Dekiru_net
暗号化キー	XXXXXXXXXXXXX

アクセスポイントの名前（SSID）とパスワード（暗号化キー）を**確認**

2 ［Wi-Fi］の画面を表示する

前ページを参考に、［設定］の画面を表示しておく

［Wi-Fi］を**タップ**

18:25
4G
設定
iPhoneにサインイン
iCloud、App Storeおよびその他を設定。
機内モード
Wi-Fi
オフ
Bluetooth
オン
モバイル通信
インターネット共有
オフ
通知
サウンドと触覚
集中モード
スクリーンタイム
一般
コントロールセンター

HINT Wi-Fi（無線LAN）の接続情報を調べるには

WI-Fi（無線LAN）に接続するには、その無線LANアクセスポイントの名前（SSID）やパスワード（暗号化キー）が必要です。会社などの無線LANについては、社内のシステム担当者に問い合わせてみましょう。ワザ022で解説する公衆無線LANサービスの設定は、提供会社のWebページなどで確認できます。

次のページに続く→

3 [Wi-Fi]の画面が表示された

[Wi-Fi]のここを**タップ**して、
オンに設定

4 周囲にある無線LANアクセス
ポイントの一覧が表示された

利用するアクセスポイントを**タップ**

HINT **Wi-Fi（無線LAN）をすばやく切り替えられる**

Wi-Fi（無線LAN）のオン／オフは、コントロールセンター（ワザ011）でも切り替えることができます。ただし、コントロールセンターでWi-Fiをオフにしてもアクセスポイントとの通信が切れるだけで、一部の機能はWi-Fiによる通信を行ないます。完全にWi-Fiを使った通信をオフにしたい場合は、このワザの手順3の画面で［Wi-Fi］をオフにするか、コントロールセンターで［機内モード］（ ）をオンにしましょう。

ここをタップして、Wi-Fi
（無線LAN）のオン／オフを
切り替えられる

---

5 パスワード（暗号化キー）を入力する

❶ パスワードを入力

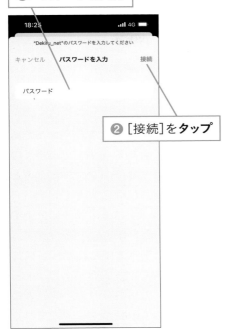

❷ [接続]をタップ

6 Wi-Fi（無線LAN）に接続できた

ステータスバーにWi-Fiのアイコンが表示された

アクセスポイント名の先頭にチェックマークが付いた

次回以降、接続済みの無線LANアクセスポイントが周囲にあると、自動的に接続される

1 基本

2 設定

3 電話

4 メール

5 ネット

6 アプリ

7 写真

8 便利

9 疑問

HINT Wi-Fi（無線LAN）につながらないときは

無線LANアクセスポイントの電波が届く範囲にいるのに、接続できないときは、パスワードの入力が間違っていたり、アクセスポイント側でパスワードが変更されていたりするなどの可能性があります。手順4の画面でアクセスポイント名の右の ⓘ をタップし、一度、設定を削除してから、あらためて設定をやり直し、正しいパスワードを入力しましょう。

iPhoneを使うための
アカウントを理解しよう

iPhoneの機能の多くは、インターネット上で提供されているさまざまなサービスを利用しています。そうしたサービスを利用するには、「アカウント」が必要になります。iPhoneを使うために必要なアカウントを解説します。

「アカウント」とは？

「アカウント」はインターネットで提供されるさまざまなサービスを利用するために必要な個人の識別情報で、一種の会員情報です。無料で利用できる多くのサービスでは、アカウントも無料で取得できます。アカウントは各サービスごとに取得するもので、「アカウント名」と「パスワード」をセットで利用します。アカウント名（「ユーザーID」などと呼ばれることもあります）はそのサービス上で個人を識別するための名称で、英数字などの組み合わせで作成します。ただし、ほかの人が取得済みのアカウント名を利用することはできません。サービスによっては、メールアドレスを利用しています。また、パスワードはアカウントと組み合わせて認証するための暗証番号と同じ位置付けのものなので、第三者に知られないように注意する必要があります。NTTドコモでiPhoneを利用していくうえでは、次のページで説明する「Apple ID」と「dアカウント」を利用します。

●アカウントの仕組み

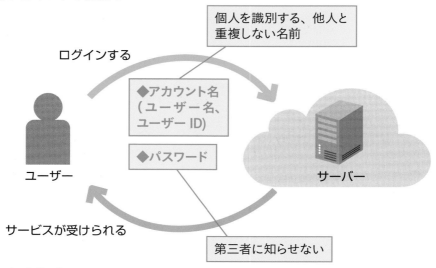

個人を識別する、他人と重複しない名前

ログインする

◆アカウント名
（ユーザー名、
ユーザーID)

◆パスワード

ユーザー

サーバー

サービスが受けられる

第三者に知らせない

アップルのサービスを使うためのApple ID

「Apple ID」はアップルが提供するさまざまなサービスを利用するためのアカウントです。iPhoneを使っていくうえで必須の「iCloud」や「App Store」にも使います。Apple IDの新規作成やiPhoneへの設定方法については、次のワザ019で解説します。

●Apple IDでできること

・iCloudのメールなどの利用
・iMessageの送受信
・App Storeでのアプリのダウンロード
・iTunes Storeでの音楽・映画の購入
・Apple Storeでの商品購入

NTTドコモのサービスを利用するためのアカウント

NTTドコモのサービスを利用するには「dアカウント」を使います。ポイントサービスの「dポイント」や決済サービスの「d払い」、動画配信サービスの「dTV」、電子マガジンサービス「dマガジン」をはじめ、契約情報の確認や変更ができる「My docomo」への接続にも利用します。

●携帯電話会社のアカウントの共通した仕組み

dアカウント など

My docomo など

ログインする

◆料金の確認
◆契約情報の確認・変更
◆サービスの申し込み
　など

アカウント

サポートサイト
またはアプリ

HINT　ほかにどんなアカウントがあるの?

インターネット上にはアカウントを使うサービスが数多くあります。たとえば、FacebookやTwitter、Instagramなどのサービスは、アカウントが必要です。また、ひとつのアカウントで複数のサービスが利用できることもあります。たとえば、Googleアカウントがあると、メールサービス(Gmail)や写真の保存サービス(Googleフォト)など、さまざまなGoogleのサービスを利用できます。また、動画サービスのYouTubeは、Googleアカウントがあれば、チャンネル登録などの機能を利用できます。

1 基本
2 設定
3 電話
4 メール
5 ネット
6 アプリ
7 写真
8 便利
9 疑問

019

アカウントの設定

Apple IDを取得するには

設定

iCloudやFaceTime（ワザ030）などのアップルが提供するサービスを使ったり、App Store（ワザ050）のアプリをダウンロードしたりするには、「Apple ID」が必要です。Apple IDを作成し、iPhoneに設定しましょう。

（ワザ030）

第2章 iPhoneを使えるようにしよう

1 [Apple ID]の画面を表示する

[iPhoneにサインイン]を**タップ**

2 Apple IDを新規作成する

[Apple IDをお持ちでないか忘れた場合]を**タップ**

すでにApple IDを取得済みのときは、Apple IDとパスワードを入力し、[次へ]をタップすると、59ページの手順12に進む

3 Apple IDの作成をはじめる

[Apple IDを作成]を**タップ**

4 名前を入力する

❶姓を**入力**　❷名を**入力**

🗨️まめ知識　iPhoneの充電時にiPhoneを機内モードに設定すると、通常よりも早く充電が完了します。

5 生年月日を設定する

❶ [生年月日]の日付を**タップ**

❷ ここを上下に**スワイプ**して、生年月日を設定

❸ [次へ]を**タップ**

6 iCloudのメールアドレスを新規作成する

[メールアドレスを持っていない場合]を**タップ**

ここをタップすると、アップルからのニュースメールをオフにできる

7 希望するメールアドレスを入力する

❶ [iCloudメールアドレスを入手する]を**タップ**

❷ 希望するメールアドレスを**入力**

❸ [次へ]を**タップ**

8 メールアドレスの作成を確認する

[メールアドレスを作成]を**タップ**

次のページに続く⟶

1 基本

2 設定

3 電話

4 メール

5 ネット

6 アプリ

7 写真

8 便利

9 疑問

9 大文字と数字を含む8文字以上のパスワードを決める

❶希望するパスワードを**入力**

❷もう一度、同じパスワードを**入力**

❸［次へ］を**タップ**

10 電話番号を設定する

［続ける］をタップ

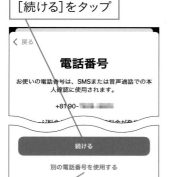

表示された番号とは違う電話番号を使いたいときは、［別の電話番号を使用する］をタップする

11 利用規約に同意する

❶利用規約の内容を**確認**

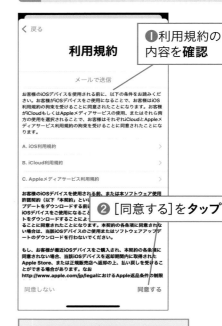

❷［同意する］を**タップ**

利用規約を確認する画面が表示された

❸［同意する］を**タップ**

しばらく待つ

HINT **Apple IDにはどの電話番号を設定すればいいの？**

手順10では電話番号を登録していますが、通常はiPhoneの電話番号が表示されます。iPhone以外の携帯電話番号や固定電話なども登録できますが、登録した電話番号は、次ページのHINTで説明している「2ファクタ認証」に利用されるため、いつでも受けられる電話番号を登録しておきましょう。

12 Apple IDが設定できた

[Apple ID]の画面が表示された

続けて、ワザ020でiCloudのバック
アップの設定を確認する

続けて、ワザ020でiCloudのバックアップの設定を確認する

HINT 電話番号はなぜ必要？

Apple IDで新しいiPhoneやほか
の機器にサインインするとき、パ
スワードを含め、2種類の本人確
認情報を求める認証方法を「2
ファクタ認証」と呼びます。万が
一、パスワードが漏洩しても2つめ
の認証が要求されるため、不正ア
クセスを防止できます。2ファクタ
認証を使うときは、パスワードに
加えて確認コードの入力が必要で
す。手順10で設定した電話番号
に確認コードが送られてくるので、
iPhoneの画面や［メッセージ］の
アプリで確認して入力します。

HINT iPhoneのデータをiCloud上に統合できる

すでにiPhoneに連絡先などの情報
が保存されていて、iCloudの利用
を開始すると、「iCloudにアップ
ロードして結合します。」と表示され
ることがあります。ここで［結合］
をタップすると、iPhoneに保存さ
れている連絡先やリマインダーなど
の情報は、iCloud上のデータと統
合され、以後は自動的にiCloudに
保存されるようになります。

［結合]をタップすると、iPhone
の連絡先やカレンダーなどの
情報がiCloudに統合される

アカウントの設定

iCloudのバックアップを
有効にするには

iPhoneにApple IDを設定すると、アップルが提供するクラウドサービス「iCloud」を利用できます。iCloudは連絡先や写真、各アプリのデータなどの保存や同期ができ、5GBまで無料で利用できます。

iCloudを使ってできること

iCloudを使うと、連絡先やカレンダー、ブックマーク、写真、各アプリのデータなどをiCloudのサーバーと同期できるようになり、複数の機器で同じデータを扱えます。また、iPhoneのデータをバックアップしたり、インターネット経由でiPhoneの探索やロックができるので、iPhoneの紛失に備えることもできます。「○△□@icloud.com」はメールアドレスとしても使えます。

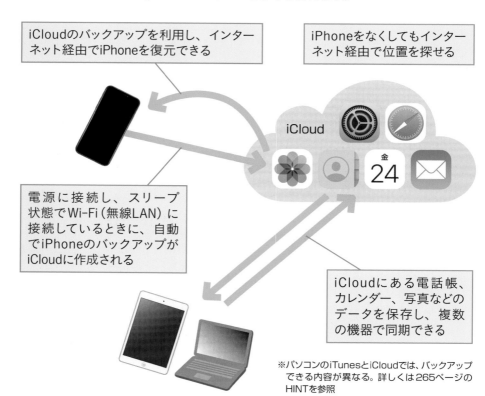

iCloudのバックアップを利用し、インターネット経由でiPhoneを復元できる

iPhoneをなくしてもインターネット経由で位置を探せる

電源に接続し、スリープ状態でWi-Fi（無線LAN）に接続しているときに、自動でiPhoneのバックアップがiCloudに作成される

iCloudにある電話帳、カレンダー、写真などのデータを保存し、複数の機器で同期できる

※パソコンのiTunesとiCloudでは、バックアップできる内容が異なる。詳しくは265ページのHINTを参照

第2章　iPhoneを使えるようにしよう

iCloudでのバックアップ

1 [Apple ID]の画面を表示する

ワザ017を参考に、Wi-Fi（無線LAN）に接続しておく

iPhoneを電源か、パソコンに接続しておく

ワザ017を参考に、[設定]の画面を表示しておく

アカウント名を**タップ**

2 [iCloud]の画面を表示する

[Apple ID]の画面が表示された

[iCloud]を**タップ**

3 iCloudのバックアップの設定を確認する

[iCloudバックアップ]がオンになっていることを**確認**

オフになっているときはタップして、[iCloudバックアップ]をオンにする。[iCloudバックアップを開始]の画面で、[OK]をタップする

HINT 手動でもバックアップを作成できる

iCloudへのバックアップはWi-Fi（無線LAN）と電源に接続されているときに、1日1回の間隔で自動的に作成されます。手順3の画面で[iCloudバックアップ]をタップし、[今すぐバックアップを作成]をタップすると、手動でもバックアップを作成できます。

1 基本
2 設定
3 電話
4 メール
5 ネット
6 アプリ
7 写真
8 便利
9 疑問

021

アカウントの設定

NTTドコモの初期設定を するには

Safari

ドコモメールなどのNTTドコモのサービスを使うには、最初にiPhoneで初期設定が必要です。このワザの手順で「プロファイル」をインストールしましょう。「dアカウント」の確認方法も解説します。

第2章 iPhoneを使えるようにしよう

初期設定を行なう

1 [Safari]を起動し、ブックマークの画面を表示する

ワザ017を参考に、Wi-Fi（無線LAN）をオフにしておく

[Safari]を**タップ**

Safariが起動する

2 [My docomo（お客様サポート）]の画面を表示する

リーディングリスト

リーディングリストを使うと、Webページのリンクを集めてあとで読むことができます。再生有ボタンをタップして現在のページを追加します。

❶ここを**タップ**

[ブックマーク]の画面が表示された

ブックマーク　　　　完了

☆ お気に入り
📖 iPhoneユーザガイド
📖 dメニュー
📖 dマーケット
📖 My docomo（お客様サポート）

❷[My docomo（お客様サポート）]を**タップ**

HINT **ahamoを契約しているときは？**

ahamoを契約している場合は、このワザで解説している初期設定は必要ありません。その代わりに、App Store（ワザ051）で[ahamo（アハモ）]のアプリをダウンロードしておきましょう。

●まめ知識　ホーム画面に[サポート]があれば、タップして[My docomo]の画面を表示できます。

3 [設定]の画面を表示する

[My docomo]の画面が表示された

[設定]を**タップ**

4 [iPhoneドコモメール利用設定]の画面を表示する

[設定]の画面が表示された

❶画面を下に**スクロール**

❷[iPhoneドコモメール利用設定]を**タップ**

❸[ドコモメール利用設定サイト]を**タップ**

5 ネットワーク暗証番号を入力する

[iPhoneドコモメール利用設定]の画面が表示された

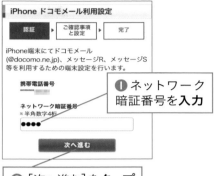

❶ネットワーク暗証番号を**入力**

❷[次へ進む]を**タップ**

注意事項の画面が表示されたら、同意して[次へ]をタップする

6 設定のためのプロファイルをダウンロードする

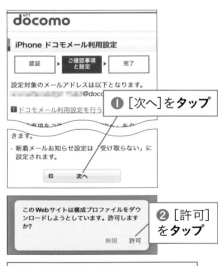

❶[次へ]を**タップ**

❷[許可]を**タップ**

❸次の画面で[閉じる]を**タップ**

次のページに続く ――→

1 基本

2 設定

3 電話

4 メール

5 ネット

6 アプリ

7 写真

8 便利

9 疑問

7 プロファイルがダウンロードされた

ワザ017を参考に、［設定］の画面を表示しておく

［プロファイルがダウンロード済み］を**タップ**

設定

滝沢孝之
Apple ID、iCloud、メディアと購入

AppleCare 保証を追加できます

今から31日以内であれば、このiPhoneにAppleCare+保証を追加できます。

Apple TV+ を3か月間無料体験

プロファイルがダウンロード済み

✈ 機内モード

8 プロファイルをインストールする

iPhone利用設定のプロファイルをインストールする画面が表示された

［インストール］を**タップ**

キャンセル　プロファイルをイン…　インストール

iPhone利用設定 ver.4.33
docomo

署名者　未署名

説明　ドコモメール、メッセージR、メッセージSを利用するための端末設定とドコモの各サービスのショートカットをホーム画面に追加します。

内容　メールアカウント: 2
Webクリップ: 21

詳細

アカウント

ダウンロード済みプロファイルを削除

9 プロファイルのインストールを完了する

❶ ［インストール］を**タップ**

キャンセル　　警告　　インストール

未署名のプロファイル

このプロファイルは署名されていません

❷ ［インストール］を**タップ**

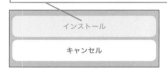

インストール

キャンセル

iPhoneが再起動し、プロファイルがインストールされる

❸ ［完了］を**タップ**

ワザ006を参考にホーム画面を切り替えると、アプリのダウンロード用アイコンが表示される

HINT メールアドレスを変更したときは

ドコモメールのメールアドレスを変更したときは、プロファイルの再設定が必要です。まず先に［設定］の画面の［一般］-［VPNとデバイス管理］にある古いプロファイルをタップし、［プロファイルを削除]をタップして削除します。その後、このワザの手順で新しいプロファイルをダウンロードしましょう。

dアカウントとパスワードの確認

1 [dアカウント設定]のアプリをインストールする

ホーム画面にあるダウンロード用アイコンから、アプリをインストールする

❶ [dアカウント設定]をタップ

App Storeで [dアカウント設定] の詳細情報が表示された

❷ [入手]をタップ

dアカウント設定/dアカウント認証をより…
かんたんログインや生体認証で…

入手

20万件の評価　　年齢　　チャート
3.9　　　4+　　　#7
★★★★☆　　歳　　ユーティリティ　株式会社

ワザ052を参考に、アプリをインストールする

2 [dアカウント設定]のアプリを起動する

ホーム画面に [dアカウント設定]のアプリがインストールされた

❶ [dアカウント設定]をタップ

利用規約の確認画面が表示された

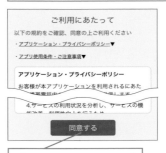

ご利用にあたって
以下の規約をご確認、同意の上ご利用ください
・アプリケーション・プライバシーポリシー▼
・アプリ使用条件・ご注意事項▼

アプリケーション・プライバシーポリシー
お客様が本アプリケーションを利用されるにあた

4.サービスの利用状況を分析し、サービスの機

同意する

❷ [同意する]をタップ

[はじめに] の画面が表示されたときは、 [次へ]をタップする

通知に関する説明画面が表示されたときは、 [許可]をタップする

| 1 基本 |
| 2 設定 |
| 3 電話 |
| 4 メール |
| 5 ネット |
| 6 アプリ |
| 7 写真 |
| 8 便利 |
| 9 疑問 |

HINT [My docomo]のアプリもインストールしておこう

[dアカウント設定] のアプリと同様の手順で、手順1の画面で [My docomo] のアプリもインストールしておくことをおすすめします。料金やデータ通信量の確認、各種手続きを行なうことができます。

次のページに続く→

3 dアカウントをアプリに設定する

[dアカウント設定]の
画面が表示された

ワザ017を参考に、Wi-Fi(無線LAN)
をオフにしておく

❶[ご利用中のdアカウントを設定]
を**タップ**

dアカウント設定　　　　　　≡

dアカウント設定で

ご利用中のdアカウントを設定

新たにdアカウントを作成

電話番号に設定されているdアカウン
トの確認画面が表示された

❷ネットワーク暗証番号を**入力**

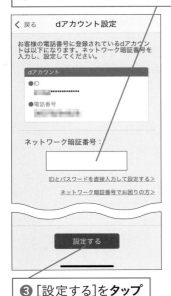

く 戻る　　dアカウント設定

お客様の電話番号に登録されているdアカウン
トは以下になります。ネットワーク暗証番号を
入力し、設定してください。

dアカウント

● ID
🔲**************

● 電話番号

ネットワーク暗証番号：

IDとパスワードを直接入力して設定する>

ネットワーク暗証番号でお困りの方>

設定する

❸[設定する]を**タップ**

4 dアカウントの設定を完了する

利用中のdアカウントが
表示された

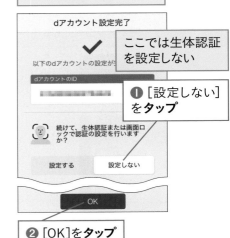

dアカウント設定完了

✓

以下のdアカウントの設定が

dアカウントのID

ここでは生体認証
を設定しない

❶[設定しない]
を**タップ**

続けて、生体認証または画面ロ
ックで認証の設定を行います
か？

設定する　　　設定しない

OK

❷[OK]を**タップ**

5 [dアカウント設定]のアプリが
利用できるようになった

dアカウントが表示され、各種設定
ができるようになった

dアカウント　　　≡

ID

設定電話番号

2段階認証
種：セキュリティコード

生体認証または画面ロックで認証
未設定

パスワード
パスワード無効化設定：未設定

連絡先メールアドレス
ータイメール：*************@docomo.n

[パスワード]をタップすると、パス
ワードの確認や変更ができる

●まめ知識　dアカウントは2015年まで「docomo ID」と呼ばれていたものと同じです。

設定

公衆無線LANを利用するには

公衆無線LANとは、駅などの公共施設内や飲食店内などで提供される、Wi-Fi（無線LAN）を使ったインターネット接続サービスです。NTTドコモの回線を契約しているユーザーは、NTTドコモが提供する「d Wi-Fi」を利用できます。

NTTドコモが提供する公衆無線LANサービス

NTTドコモは「d Wi-Fi」という公衆無線LANサービスを提供しています。dアカウントを発行し、「dポイントクラブ」に入会していれば、申し込みをするだけで無料で利用できます。NTTドコモで契約した回線のiPhoneは、自動的に接続されますが、一部のアクセスポイントはdアカウントとd Wi-Fi用パスワードで認証が必要です。「dポイントクラブ」に入会済みなら、ahamoを契約したユーザーもd Wi-Fiを利用できます。

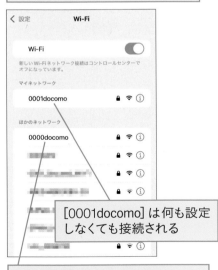

[Wi-Fi] の画面に、NTTドコモのアクセスポイント名が表示される

[0001docomo] は何も設定しなくても接続される

d Wi-Fiが使えるお店には「d Wi-Fi」や「ドコモダケ」のステッカーが貼られている

[0000docomo] や [docomo] にはアカウントやパスワードを入力する必要がある

1 基本

2 設定

3 電話

4 メール

5 ネット

6 アプリ

7 写真

8 便利

9 疑問

次のページに続く→

HINT 新しく接続するWi-Fi（無線LAN）を選択できる

52ページ手順4の画面の最下段に表示されている［接続を確認］をオンに設定すると、利用可能な無線LANアクセスポイントが見つかったときに［ワイヤレスネットワークを選択］の画面が表示されます。利用したいアクセスポイントをタップして、パスワードを入力すれば、接続できます。

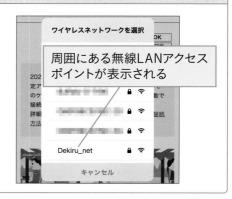

周囲にある無線LANアクセスポイントが表示される

HINT Wi-Fi（無線LAN）では利用できないサービスもある

Wi-Fi（無線LAN）の利用中は、ワザ021で解説しているdアカウントの設定などの一部機能が利用できなくなるので、必要に応じて、コントロールセンター（ワザ011）でWi-Fiを一時的にオフにします。逆に、大容量アプリや映画のダウンロードなどは、Wi-Fiで接続しないと、利用できないことがあります。特に、動画についてはWi-Fi経由なら、通信料金を気にせず、高画質に楽しめるので、なるべくWi-Fiで接続して、利用するようにしましょう。

HINT 見知らぬWi-Fi（無線LAN）ネットワークには接続しない

右の画面のように、錠前のアイコンが付いていない無線LANアクセスポイントは、暗号化キーが設定されていないため、通信が傍受される危険性があります。利用時に重要な情報を入力したり、メールなどで個人情報をやりとりしたりするのは避けましょう。自宅の無線LANアクセスポイントも不正利用や通信傍受を防ぐために、必ず暗号化キーを設定しましょう。

錠前のアイコンのないアクセスポイントへの接続には注意する

●まめ知識　iPhone 13シリーズは最新の「Wi-Fi 6」に対応しています。

第3章

電話と連絡先を使いこなそう

電話をかけるには

iPhoneで電話をかけるには、［電話］を使います。相手の電話番号を入力して電話をかけるほかに、連絡先（アドレス帳）に登録してある相手に電話をかけたり、発着信履歴から相手を呼び出したりすることができます。

第3章 電話と連絡先を使いこなそう

番号を入力して電話を発信

1 ［電話］を起動する

電話をかけるために
［電話］を起動する

［電話］を**タップ**

2 ［電話］が起動して
キーパッドが表示された

❶相手の電話番号を**タップ**して**入力**

❷ここを**タップ**

キーパッドが表示されないときは
［キーパッド］をタップする

　●まめ知識　入力する電話番号を間違えたときは、数字の下の × をタップして、番号を削除しましょう。

連絡先から電話を発信

1 相手を選択する

❶[連絡先]を**タップ**

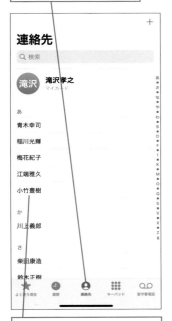

❷かけたい相手を**タップ**

2 連絡先の詳細画面で電話をかける

電話番号を**タップ**

すぐに発信が開始される

1 基本

2 設定

3 電話

4 メール

5 ネット

6 アプリ

7 写真

8 便利

9 疑問

HINT 留守番電話は使えるの？

iPhoneは留守番電話機能を内蔵していませんが、NTTドコモが提供する「留守番電話サービス」（月額330円）に申し込むことで、タッチ操作で簡単にメッセージを確認できる「ビジュアルボイスメール」という機能が利用できます。ビジュアルボイスメールではメッセージが録音されると、音声データがiPhoneに転送され、［電話］のアプリの［留守番電話］でメッセージが再生できます。ahamoでは留守番電話サービスが利用できません。

次のページに続く——➡

❶[消音]
自分の声を消音できる。通話相手の声は聞こえる

❷[キーパッド]
音声案内などで通話中に数字を入力するときに使う

❸[スピーカー]
相手の声をスピーカーで聞ける

❹[通話を追加]
通話中に別の連絡先に電話をかけられる。最初に通話していた相手は保留状態になる

❺[FaceTime]
ビデオ通話を開始できる

❻[終了]
[終了]をタップすると、通話を終了できる

❼[連絡先]
連絡先の情報を確認できる。通話先の追加もできる

第3章 電話と連絡先を使いこなそう

HINT 自分の電話番号を確認するには

自分のiPhoneの電話番号は、前ページの手順1の画面にある[マイカード]で確認できます。ここに表示されないときは、ワザ017を参考に、[設定]の画面を表示し、[電話]をタップすると、確認できます。ほかの人に電話番号を教えるときなどに利用しましょう。

[設定]－[電話]の順にタップすると、自分の電話番号が確認できる

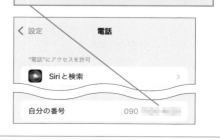

まめ知識　スピーカーモードで通話するときは、相手の声が周囲に聞こえてしまうので注意しましょう。

電話

電話

電話を受けるには

電話がかかってきたときには、画面には相手の電話番号か、連絡先の登録名が表示されます。ほかのアプリを使っているときやスリープの状態でも電話がかかってくると、自動的に画面が切り替わります。

操作中の着信

相手の電話番号がここに表示される

[応答]を**タップ**

通話が開始される

スリープ中の着信

相手の電話番号がここに表示される

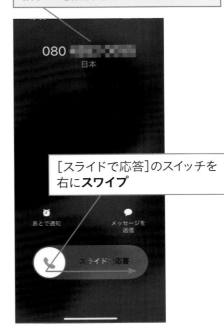

[スライドで応答]のスイッチを右に**スワイプ**

通話が開始される

HINT 操作中の着信を応答しやすくするには

操作中の着信は、上の画面のように、画面上部にバナーが表示されるだけですが、[設定]の画面で[電話]-[着信]を[フルスクリーン]に切り替えると、全画面で表示され、操作しやすくなります。

発着信履歴を確認するには

電話をかけたときやかかってきたときの相手の電話番号は、日付や時刻とともに［電話］の［履歴］に記録されています。応答できなかった電話（不在着信）は、ロック画面や通知センターなどにも履歴が表示されます。

発着信履歴から電話を発信

1 発着信履歴を表示する

ワザ023を参考に、［電話］を起動しておく

［履歴］を**タップ**

2 電話をかけ直す

［履歴］の画面が表示された

不在着信は赤く表示される

電話番号を**タップ**

電話が発信される

HINT 発着信履歴から電話番号を連絡先に登録できる

発着信履歴の電話番号をタップすると、その連絡先に電話が発信されます。発着信履歴のⓘをタップすると、その履歴の詳細が表示され、その詳細画面から相手の電話番号を連絡先に登録することができます。連絡先の登録方法は、ワザ027で解説します。

　まめ知識　全着信履歴を消すには、［履歴］の画面右上の［編集］をタップし、［消去］をタップします。

026

Hardware

着信音を鳴らさないためには

会議中など、着信音を鳴らしたくない場面では、iPhone左側面のスイッチで「消音」（マナーモード）に切り替えましょう。音を鳴らさないでもバイブレーション（振動）で着信を知ることができます。

消音モードの切り替え

1 サイレントスイッチを切り替える

着信／サイレントスイッチを**切り替え**

オレンジ色が見える状態にする

2 消音モードに切り替えられた

［消音モードオン］と表示され、着信音が鳴らないように設定できた

HINT 絶対に着信音を鳴らしたくないときは

どうしても着信音を鳴らしたくないときは、機内モードに切り替えた上で電源を切りましょう。カバンの中で意図せずiPhoneに電源が入っても着信音は鳴りません。ただし、電源が入っていると、アラームやタイマーは鳴るので、注意しましょう。緊急の連絡だけは受けたいときは、「集中モード」（ワザ089）も活用しましょう。

ワザ011を参考に、コントロールセンターを表示して、［機内モード］をオンにする

1 基本

2 設定

3 電話

4 メール

5 ネット

6 アプリ

7 写真

8 便利

9 疑問

次のページに続く→

バイブレーションの設定

1 [サウンドと触覚]の画面を表示する

ワザ017を参考に、[設定]の画面を表示しておく

[サウンドと触覚]を**タップ**

2 バイブレーションをオンにする

[サウンドと触覚]の画面が表示された

[着信スイッチ選択時][サイレントスイッチ選択時]のここを**タップ**して、オンに設定

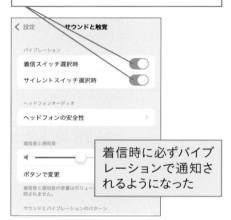

着信時に必ずバイブレーションで通知されるようになった

HINT 「着信スイッチ」と「サイレントスイッチ」って何？

手順2の画面の[バイブレーション]にある[着信スイッチ選択時]は本体側面の着信／サイレントスイッチがオフ（無色）の状態でバイブレーションを振動させるかどうか、[サイレントスイッチ選択時]はオン（オレンジ色）の状態でバイブレーションを振動させるかどうかを設定できます。

HINT 連絡先ごとに着信音を設定できる

手順2の画面で[着信音]や[メッセージ]の項目をタップして、[デフォルト]以外の音を選ぶと、その連絡先からの電話やメッセージだけ、[設定]の画面の[サウンドと触覚]で設定された共通の着信音とは別の着信音や通知音が鳴るようになります。

まめ知識　iTunes Storeでは音楽のサビや映画の効果音を使った着信音が販売されています。

第3章　電話と連絡先を使いこなそう

027 連絡先

連絡先を登録するには

電話

iPhoneには電話帳やアドレス帳として使える［連絡先］が搭載されています。よく連絡を取る家族や友だちを登録しておくと、簡単に電話やメールを発信でき、着信時には相手の名前が表示されるので、便利です。

新しい連絡先の登録

1 ［連絡先］を起動する

ワザ023を参考に、［電話］を
起動しておく

［連絡先］を**タップ**

2 ［連絡先］の画面が表示された

ここを**タップ**

3 ［連絡先］の画面が表示された

氏名と読みを入力

次のページに続く──→

1 基本

2 設定

3 電話

4 メール

5 ネット

6 アプリ

7 写真

8 便利

9 疑問

4　電話番号を入力する

❶画面を下にスクロール

❷[電話を追加]をタップし、電話番号を入力

5　メールアドレスを入力する

❶[メールを追加]をタップし、メールアドレスを入力

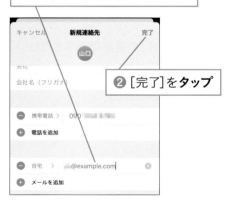

❷[完了]をタップ

6　連絡先の一覧を表示する

新しい連絡先が追加され、連絡先の詳細が表示された

[編集]をタップすると、内容を修正できる

[連絡先]をタップ

連絡先をタップすると、詳細画面が表示される

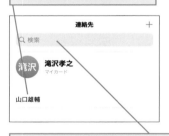

検索フィールドで連絡先を検索できる

HINT　自分の連絡先を登録するには

手順2の画面で[マイカード]をタップすると、自分の連絡先が表示されます。未登録のときは、iCloudの設定などからSiriが自動検出した自分の名前や電話番号、メールアドレスが候補として表示され、それをタップすることで簡単に登録できます。ワザ028の手順で再編集することもできます。

着信履歴から連絡先に登録

1 電話番号の情報を表示する

ワザ025を参考に、発着信履歴を表示しておく

登録する番号の①を**タップ**

2 新規連絡先を作成する

[新規連絡先を作成]を**タップ**

3 連絡先の情報を入力する

❶連絡先の情報を**入力**

❷[完了]を**タップ**

4 連絡先が追加された

電話番号は自動的に入力される

1 基本
2 設定
3 電話
4 メール
5 ネット
6 アプリ
7 写真
8 便利
9 疑問

連絡先を編集するには

[連絡先]の情報は、内容を修正したり、追加したりできます。自宅や会社の電話番号や住所、誕生日、メモなどを登録しておけば、連絡を取るときだけでなく、さまざまな場面で役に立ちます。

第3章 電話と連絡先を使いこなそう

1 フィールドの追加画面を表示する

ワザ027を参考に、編集する連絡先の詳細画面を表示しておく

[編集]を**タップ**

2 フィールドを追加する

❶画面を下に**スクロール**

❷[フィールドを追加]を**タップ**

[連絡先を削除]をタップすると、編集中の連絡先を削除できる

HINT [よく使う項目]を使うには

手順1の画面で[よく使う項目に追加]をタップすると、その連絡先を[よく使う項目]に追加できます。[よく使う項目]は手順1の画面左下にある[よく使う項目]をタップすると、表示されます。自分や家族の勤務先など、頻繁に電話をかける連絡先を追加しておくと便利です。

●まめ知識　連絡先に誕生日を登録しておくと、カレンダーにも表示されます。

3 追加するフィールドを選択する

ここでは［役職］のフィールドを
追加する

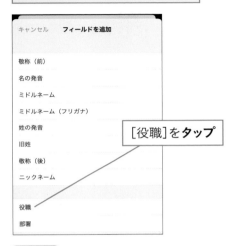

[役職]を**タップ**

4 フィールドに情報を入力する

連絡先に［役職］のフィールドが
追加された

❶追加したフィールドに情報を**入力**

❷［完了］を
タップ

⊗をタップすると、フィールドを削除できる

1 基本
2 設定
3 電話
4 メール
5 ネット
6 アプリ
7 写真
8 便利
9 疑問

HINT メールアドレスを交換するには？

目の前にいる人とメールアドレスを交換するときは、その場でメールアドレスを教え合い、メールを送信する（ワザ034）のが確実です。電話番号などもいっしょに交換するときは、78ページのHINTを参考に、自分の連絡先を登録しておき、自分の連絡先の画面を下にスクロールして、［連絡先を送信］をタップすれば、［メール］などの方法で連絡先ファイルを送れます。近くにいるiPhoneやiPadとの間であれば、AirDrop（ワザ076）という機能でも連絡先を共有できます。

HINT 連絡先をバックアップするには

iCloud（ワザ020）を使っているときは、連絡先は自動的にiCloudに保存されるので、バックアップを取る必要がありません。パソコンのWebブラウザーでiCloudにアクセスし、［連絡先］をクリックして連絡先の一覧を表示し、書き出したい連絡先を選択します。[Shift]キーを押しながらクリックすると、複数を選択可能できます。左下の歯車のアイコンをクリックして、［vCardを書き出す］を選ぶと、その連絡先がファイルとしてパソコンに保存されます。

連絡先

Androidスマートフォンの
データをコピーするには

アップルがAndroidスマートフォン向けに提供しているアプリ「iOSに移行」を使うと、Androidスマートフォン内の連絡先や写真、ブックマークなどのデータをiPhoneへと簡単にコピーすることができます。

AndroidスマートフォンとiPhoneでの準備

Androidスマートフォンからの操作

1 Androidスマートフォンで[iOSに移行]を起動する

電子マネーを使っているときは、事前に移行手続きをしておく

[Playストア]で、[iOSに移行]をインストールしておく

AndroidスマートフォンをWi-Fi（無線LAN）に接続しておく

2 iOSに移行する操作を開始する

[iOSに移行]が起動した

[iOSに移行]を**タップ**

iOSに移行

このAppを使うと、Androidデバイスから 新しい iPhone、iPadまたはiPod touchに メッセージや写真 などをコピーできます。

→ iOS

続ける

[続ける]を**タップ**

続けて、iPhoneでの操作を行なう

💬まめ知識　LINEを利用しているときは、移行に注意が必要です。ワザ093も参照してください。

iPhoneの操作

3 iPhoneで[Androidから移行]の画面を表示する

ワザ094を参考に、初期設定を進め、[Appとデータ]の画面を表示しておく

ワザ017を参考に、Wi-Fi（無線LAN）に接続しておく

Appとデータ

このiPhoneにAppとデータを転送する方法を選択してください。

[Androidからデータを移行]をタップ

iCloudバ...

Macまた...

iPhoneから直接転送する >

Androidからデータを移行 >

Appとデータを転送しない

4 移行コードを表示する

[Androidから移行]の画面が表示された

[続ける]を**タップ**

移行のコードが表示された

→iOS

Androidデバイスでこの1回限りのコードを入力してください。

Androidスマートフォンからのデータの転送

Androidスマートフォンからの操作

1 Androidスマートフォンで[コードを確認]の画面を表示する

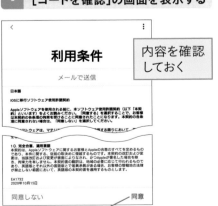

利用条件

メールで送信

内容を確認しておく

[同意]を**タップ**

2 Appの使用状況を自動的に送信する

Appの使用状況を送信

Appの使用状況に関して、個人を特定できない集約された解析データ（iOSデバイスに転送するデータのカテゴリ、Androidデバイスのブランド、モデル、OSバージョン、言語設定、エラー...など）をAppleに送...行"AppおよびAp...クノロジーの改善...

"自動的に送信"を選択することにより、Appleのプライバシーポリシー（www.apple.com/jp/privacy を参照）に従ってこのデータを活用することに同意したものとみなされます。

送信しない　自動的に送信

[自動的に送信]を**タップ**

位置情報へのアクセスをたずねる画面が表示されたときは、[アプリの使用時のみ]をタップする

次のページに続く→

1 基本
2 設定
3 電話
4 メール
5 ネット
6 アプリ
7 写真
8 便利
9 疑問

3 [コードを入力]の画面を 表示する

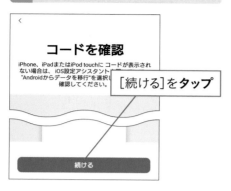

コードを確認

iPhone、iPadまたはiPod touchに コードが表示され
ない場合は、iOS設定アシスタント
"Androidからデータを移行"を選択し
確認してください。

[続ける]を**タップ**

続ける

4 移行コードを入力する

前ページでiPhoneに表示された
コードを**入力**

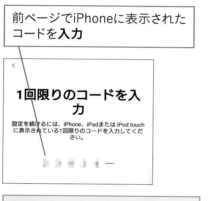

**1回限りのコードを入
力**

設定を続けるには、iPhone、iPadまたは iPod touch
に表示されている1回限りのコードを入力してくだ
さい。

[iOSに移行]の画面で [続ける]を
タップする

[デバイスに接続] の画面で
[接続]をタップする

5 転送するデータの種類を 選択する

ここでは表示されたすべての
データを転送する

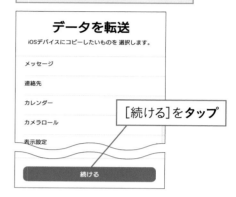

データを転送

iOSデバイスにコピーしたいものを 選択します。

メッセージ

連絡先

カレンダー

カメラロール

表示設定

[続ける]を**タップ**

続ける

6 転送を完了する

[転送が完了しました]と表示された

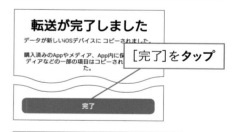

転送が完了しました

データが新しいiOSデバイスに コピーされました。

購入済みのAppやメディア、App内に保
ディアなどの一部の項目はコピーされ
た。

[完了]を**タップ**

完了

[iOSに移行]を終了しておく

続けて、iPhoneでの操作を行なう

HINT　**従来型の携帯電話から連絡先をコピーするには**

スマートフォンではなく、従来型の携帯電話から連絡先データをiPhoneに移
行する方法は、各携帯電話会社がパソコンを使った方法を提供しています。パ
ソコンを持っている人は携帯電話会社のWebサイトを参照してください。パソ
コンを持っていない人は、携帯電話会社のショップで相談してみましょう。

　●まめ知識　PlayストアとApp Storeの両方にある無料アプリの一部は自動でインストールされます。

データ転送の完了

1 基本
2 設定
3 電話
4 メール
5 ネット
6 アプリ
7 写真
8 便利
9 疑問

iPhoneの操作

1 転送を完了し、初期設定を進める

Androidスマートフォンからのデータ転送状況が表示された

[転送が完了しました] と表示されるまで、しばらく待つ

→iOS

転送が完了しました

データがこのiPhoneに転送されました。

写真やビデオなどの一部の項目は、"ファイル" Appの"iOSに移行"フォルダに読み込まれている場合があります。

[iPhoneの設定を続ける] を**タップ**

iPhoneの設定を続ける

ワザ094を参考に、操作を進め、初期設定を完了する

2 共通のアプリの追加を確認する

共通のアプリを追加するかをたずねる画面が表示された

ここではアプリを追加しない

App Storeからお使いの Androidデバイスの Appを追加しますか?

無料のAppはダウンロードされます。App 内課金がある場合もあります。各Appについて詳しくは、App Storeの"購入済み"に表示されるアイコンをタップします。

追加しない | Appを追加

[追加しない]を**タップ**

メッセージや写真などのデータ転送が完了した

HINT Googleアカウントの連絡先を使うには

iPhoneにGoogleアカウントを設定すると、Googleアカウントに保存されている連絡先がiPhoneでも参照できるようになります。ワザ033の手順4の画面で、[Google]をタップし、Googleアカウントとパスワードを入力しましょう。ただし、iPhoneで新規の連絡先を追加してもGoogleアカウントに保存された連絡先リストには追加されないので、Androidスマートフォンやパソコンを併用するときには注意が必要です。

030

FaceTime

ビデオ通話をするには

「FaceTime（フェイスタイム）」はアップルが提供するビデオ通話サービスです。iPhoneなどのアップル製品同士なら、電話と同じような操作で使えます。データ通信を利用するので、データ定額プランやWi-Fiを使えば追加料金なしで通話ができます。

FaceTimeの設定の確認

1 [FaceTime]の画面を表示する

ワザ017を参考に、[設定]の画面を表示しておく

❶画面を下に**スクロール**

❷[FaceTime]を**タップ**

2 [FaceTime]の設定を確認する

[FaceTime] がオンになっていることを**確認**

HINT 音声のみでもFaceTimeも利用できる

次ページの手順1の上の画面で、[FaceTime] の右にある 📞 をタップすると、ビデオなしの音声のみでFaceTimeを発信できます。データ通信を利用するので、たとえば国際通話では通話料金の大幅な節約になります。

まめ知識　FaceTimeは着信側もデータ通信を利用します。データ定額プランやWi-Fiを使いましょう。

FaceTimeでのビデオ通話

1 ビデオ通話を開始する

ワザ027を参考に、発信先の連絡先の詳細画面を表示しておく

[FaceTime]をタップ

< 連絡先　　　　　　　　　編集

上田

上田紀子
ウエダ ノリコ

💬 メッセージ　📞 発信　📹 FaceTime　✉️

携帯電話
080

FaceTime　　　　　📹 📞

ここをタップしてもいい

●相手の画面

FaceTimeの着信画面が表示された

[スライドで応答]のスイッチを右にスワイプ

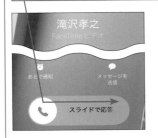

滝沢孝之
FaceTime ビデオ

あとで通知　　　メッセージを送信

スライドで応答 →

ビデオ通話が開始される

2 ビデオ通話が開始できた

相手が応答すると、ビデオ通話が開始される

上田紀子
📹 FaceTime ビデオ ＞　　終了

[終了]をタップすると、通話が終了する

ここをタップすると、自分の映像を背面カメラに切り替えられる

HINT FaceTimeのアイコンが表示されていないときは？

連絡先に[FaceTime]の項目が表示されていないときは、相手がiPhoneなどを利用していないか、前ページの手順で[FaceTime]の設定がオフ、あるいは相手の[FACETIME着信用の連絡先情報]が連絡先に登録されていない状態です。相手がFaceTimeを利用可能かどうかを確認しましょう。

1 基本
2 設定
3 電話
4 メール
5 ネット
6 アプリ
7 写真
8 便利
9 疑問

次のページに続く→

複数名でのビデオ通話

1 参加者の追加を開始する

ここでは前ページで開始したビデオ通話に参加者を追加する

❶通話相手の名前を**タップ**

❷[参加者を追加]を**タップ**

2 参加者を指定する

[参加者を追加]の画面が表示された

❶ここを**タップ**

❷追加する参加者名を**タップ**

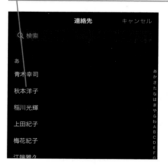

3 ビデオ通話を開始する

[FaceTime]を**タップ**

🔵まめ知識　AndroidやWindowsはWebブラウザーからFaceTimeに参加するので、専用アプリは不要です。

4 参加者を追加する

ここをタップすると、さらに
参加者を追加できる

① [参加者を追加]を**タップ**

② 相手が応答するまで**待つ**

③ [完了]を**タップ**

5 複数名でのビデオ通話が開始された

相手が応答すると、ビデオ通話が
開始される

[退出]をタップすると、
通話が終了する

HINT Androidスマートフォンなどからも参加できる

手順4の下の画面で[リンクを共
有]をタップし、URLをメールやメッ
セージなどで送れば、Androidス
マートフォンやWindowsパソコンか
らもビデオ通話に参加できます。通
話を開始する前でも[FaceTime]
のアプリを起動して、[リンクを作
成]をタップすれば、同様のビデオ
通話を開始できます。

オンラインで契約できる
シンプルな「ahamo」

スマートフォンや携帯電話の料金プランにはさまざまな割引やオプションがあり、複雑だと言われてきました。「もっとシンプルな料金プランが欲しい」という声に応え、2021年4月に提供が開始されたのがNTTドコモの「ahamo（アハモ）」です。月額2,970円で最大20GBまでデータ通信が利用でき、5分以内の国内通話が無料、海外でも国内分の最大20GBのデータ通信が利用できるプランとなっています。ahamoはNTTドコモが提供し、NTTドコモの4G/5Gネットワークを利用しますが、これまでの料金プランとは異なる点があります。たとえば、申し込みはオンライン限定で、手続きやサポートはahamoのアプリ、もしくはWebサイトのみで、ドコモショップなどではサポートが受けられません。ドコモメールや留守番電話サービスなどが提供されていませんが、その分、月々の利用料金を抑えています。また、ahamoではこれまでのSIMカードに加え、スマートフォンに内蔵された「eSIM」にも対応しています。iPhone 13シリーズはeSIMに対応しているため、本体に装着するnanoSIMカードと組み合わせ、1台のiPhoneで2つの電話番号を使い分けるといった使い方もできます。

ahamo（NTTドコモ）
https://ahamo.com/

第4章

メールとメッセージを使いこなそう

メール

使えるメッセージ機能を知ろう

iPhoneはさまざまな種類のメッセージやメールに対応し、送信相手の種類や文章の長さ、写真を送るかどうかなどによって、使い分けができます。ここでは主要なメッセージ・メールの特徴について解説します。

電話番号あてに送れる「SMS」「＋メッセージ」

●使用するアプリ

メッセージ

＋メッセージ

●送信先の例　　090-XXXX-XXXX

「SMS」は電話番号を宛先にするメッセージ機能です。最大全角70文字までで、1通3円の送信料がかかります。NTTドコモ、au、ソフトバンクなどのスマートフォンが相手であれば、より長い文章や画像なども無料で送れる「＋メッセージ」というメッセージ機能も利用できます。

Apple IDあてに送れる「iMessage」

●使用するアプリ

メッセージ

●送信先の例　　090-XXXX-XXXX ／
　　　　　　　　Apple ID

「iMessage」はiPhoneやMacなど、アップル製品同士で利用できるメッセージ機能です。［メッセージ］のアプリでほかの人のApple IDやApple IDに登録している電話番号を宛先にすると、自動でiMessageとして送信されます。画像や録音した音声データなどもやりとりできます。

　まめ知識　SMSでも双方が表示に対応していれば、絵文字を利用してやりとりできます。

メールアドレスあてに送れる「メール」

●使用するアプリ

メール

●送信先の例　　xxxxx@xxxxxx.xxx

「〜 @example.jp」などのメールアドレスを使う一般的なインターネットのメールサービスは、下の表にあるものが利用できます。パソコンで使っているインターネットメールサービスも、必要な情報を設定すれば、iPhoneで送受信ができます。

●メールサービスの種類

メールの種類	メールアドレスの例	概要
ドコモメール	〜 @docomo.ne.jp	NTTドコモが提供するメールサービス。写真などもやりとりできる。ahamoでは使えない
iCloud	〜 @icloud.com	アップルが提供するクラウドサービス「iCloud」のメール機能。ワザ019でApple IDを設定すれば、利用できる
Gmail、Yahoo!メール	〜 @gmail.com、〜 @yahoo.co.jp	アップル以外の会社が提供する大手メールサービス。アカウントを設定するとiPhoneで利用できる
一般的なインターネットメール	〜 @example.jp、〜 @impress.co.jp など	プロバイダーや会社のメール。パソコンと同様に使えるが、iPhoneに設定するにはサーバー名などの設定情報が必要

HINT　ドコモのメールを使っている場合は？

機種変更前からほかのスマートフォンでドコモメールを使っていたときは、iPhoneでドコモメールを利用できるように設定することで、過去にやりとりしたメールもiPhoneで読めるようになります。機種変更前の携帯電話やスマートフォンでiモードメールやspモードメールを使っていたときは、過去にやりとりしたメールを移行することはできませんが、同じメールアドレス（@docomo.ne.jp）でドコモメールを利用できます。

1 基本

2 設定

3 電話

4 メール

5 ネット

6 アプリ

7 写真

8 便利

9 疑問

メールとメッセージの基本

ドコモメールのメールアドレスを 確認・変更するには

ワザ021の設定が済んでいれば、［メール］のアプリでドコモメールが使えます。 機種変更の場合、以前のメールアドレスがそのまま使えますが、ここで解説す る手順でメールアドレスの確認・変更ができます。

1 ［メール設定］の画面を表示する

ワザ017を参考に、 Wi-Fi（無線LAN） をオフにしておく

ワザ021を参 考 に、［設 定］の画面を 表示しておく

❶ ［メール設定（迷惑メール /SMS対策など）］を**タップ**

❷ ［設定を確認・変 更する］を**タップ**

2 spモードパスワードを入力する

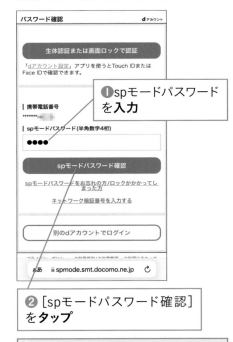

❶ spモードパスワード を**入力**

❷ ［spモードパスワード確認］ を**タップ**

初回操作時は画面の指示に従って、 spモードのパスワードを変更する

HINT spモードパスワードって何？

spモードパスワードは4けたの数字で、はじめて使うときは「0000」が設定 されています。契約時に設定したネットワーク暗証番号とは違うものなので、 間違えないようにしましょう。

3 変更前のメールアドレスを表示する

[メール設定]の画面が
表示された

[メール設定内容の確認]を
タップ

4 メールアドレスの変更を開始する

メールアドレスが表示された

❶[メールアドレスの変更]
を**タップ**

メールアドレスの変更に関する
注意事項を確認する

❷[継続する]を**タップ**

❸[次へ]を**タップ**

次のページに続く—→

1 基本

2 設定

3 電話

4 メール

5 ネット

6 アプリ

7 写真

8 便利

9 疑問

HINT ahamoの場合は?

ahamoを契約している場合はド
コモメールが使えません。メール
を送受信したいときは、iCloudの
メール機能を使うか、ワザ033を
参考にGmailやYahoo!メール、プ
ロバイダーや会社のメールを設定
しましょう。

5 希望するメールアドレスを入力する

❶画面を下にスクロール

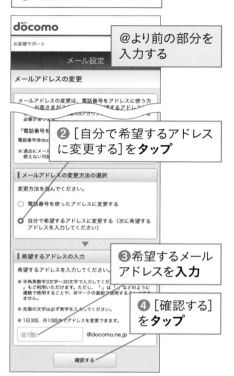

@より前の部分を入力する

❷[自分で希望するアドレスに変更する]をタップ

❸希望するメールアドレスを入力

❹[確認する]をタップ

6 メールアドレスを確認する

変更後のメールアドレスが表示された

[設定を確定する]をタップ

7 メールアドレスを変更できた

[次へ]をタップ

メールアドレスが変更できた

ワザ021を参考に、もう一度、プロファイルをインストールしておく

HINT メールアドレスの変更は慎重に行なおう

ドコモメールのメールアドレスは、1日3回まで変更できますが、変更後にワザ021のプロファイルのダウンロードをやり直す必要があります。設定をやり直すと、それまでに受信したメッセージR/Sも削除されてしまいます。何度もメールアドレスを変更しないで済むように、メールアドレスの変更は慎重に行ないましょう。

033

設定

そのほかのメールサービスを
使うには

パソコンで使っているプロバイダーのメールサービスなども [メール]で利用でき
ます。設定にはサーバー名 (ホスト名) やユーザー名、パスワードなどの情報が
必要なので、プロバイダーのWebページなどを確認しましょう。

1 [メール]の画面を表示する

ワザ017を参考に、[設定]
の画面を表示しておく

❶画面を下に**スクロール**

❷[メール]を**タップ**

2 [アカウント]の画面を表示する

[メール]の画面が表示された

[アカウント]を**タップ**

3 [アカウントを追加]の画面を表示する

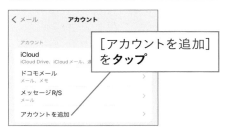

[アカウントを追加]
を**タップ**

4 メールアカウントの種類を選択する

ここではパソコンのメール
アカウントを追加する

[その他]を**タップ**

次のページに続く→

1 基本

2 設定

3 電話

4 メール

5 ネット

6 アプリ

7 写真

8 便利

9 疑問

5 [新規アカウント]の画面を表示する

[メールアカウントを追加]をタップ

6 メールアカウントを追加する

❶名前とメールアドレス、パスワード、説明を入力

❷[次へ]をタップ

7 サーバーの情報を入力する

❶受信メールサーバー（IMAP/POP）をタップして選択

❷受信メールサーバーのユーザー名とパスワードを入力

❸送信メールサーバー名（SMTP）を入力

[ユーザ名]と[パスワード]は必要な場合に入力する

❹画面右上の[次へ]をタップ

メールアカウントが追加される

HINT GmailとYahoo!メールは専用アプリを使おう

GmailとYahoo!メールは手順4の画面から設定できますが、App Storeでそれぞれ専用のメールアプリをダウンロードできます（ワザ051）。専用アプリにはメール検索などの便利な機能も搭載されています。

HINT POPやIMAPって何？

POPやIMAPはメールを受信する方式の名前です。POP方式とIMAP方式の両方が採用されている場合は、IMAP方式で設定すると、パソコンなど、ほかの機器とメールを同期できるので便利です。

⬤まめ知識　手順4で登録するアカウントによっては、同時に連絡先やカレンダーなども設定されます。

034

メール

[メール]でメールを送るには

[メール]を使って、家族や友だちにメールを送ってみましょう。[メール]は iCloud（ワザ019）やドコモメール（ワザ032）、ワザ033で設定したメールサービスのメールを送受信できます。

1 基本
2 設定
3 電話
4 メール
5 ネット
6 アプリ
7 写真
8 便利
9 疑問

1 [メール]を起動する

ホーム画面を表示しておく

[メール]をタップ

[メールプライバシー保護]の画面が表示されたときは、["メール"のアクティビティを保護]をクリックした後、[続ける]をクリックする

2 メールを作成する

ここをタップすると、各メールボックスの[受信]の画面が表示される

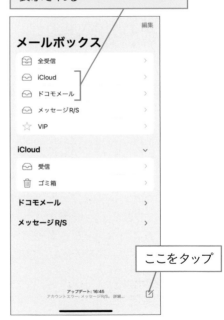

ここをタップ

HINT 絵文字は送れないの？

iPhoneの[メール]は絵文字の送受信ができますが、相手がiPhone以外のときは、デザインの異なる絵文字が表示されることがあります。一部の環境では絵文字を正しく表示できないことがあります。

次のページに続く—→

3 メールの送信先を追加する

4 連絡先を選択する

ここを**タップ**

メールを送信する
連絡先を**タップ**

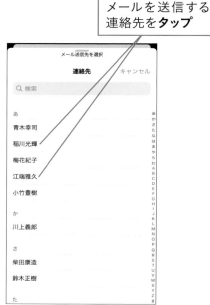

HINT 複数のメールアカウントを切り替えて使える

複数のアカウントを設定したときは、アカウントごとのメールを個別に表示することもできます。以下のように、左上のアカウント名をタップすると、登録済みのアカウントが一覧表示されます。特定のアカウントをタップすると、そのアカウントのメールだけを表示できます。

❶ここを**タップ**

❷メールアカウント
を**タップ**して選択

まめ知識　手順3の画面で宛先欄に名前を入力することで、連絡先を検索することもできます。

1 基本
2 設定
3 電話
4 メール
5 ネット
6 アプリ
7 写真
8 便利
9 疑問

5 メールを送信する

メールの送信先を追加できた

❶件名を**入力**　❷本文を**入力**

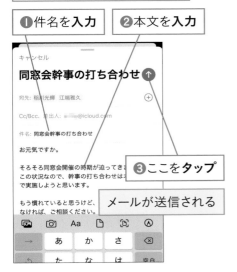

キャンセル

同窓会幹事の打ち合わせ ⬆

宛先: 稲川光輝 江端雅久　⊕

Cc/Bcc、差出人: ▇▇@icloud.com

件名: 同窓会幹事の打ち合わせ

お元気ですか。

そろそろ同窓会開催の時期が迫ってきま
この状況なので、幹事の打ち合わせは
で実施しようと思います。

❸ここを**タップ**

もう慣れていると思うけど、
なければ、ご相談ください。

メールが送信される

🖼 📷 Aa 📄 🔲 ✏

→　あ　か　さ　⌫

た　な　は

HINT 送信元のメールアドレスを
変更しよう

ワザ033で複数のメールサービ
スを設定したときは、手順3で
[差出人]のメールアドレスを2回
タップすることで、どのメールア
ドレスからメールを送信するかを
選ぶことができます。

[差出人]のメールアドレス
を選択できる

差出人: ▇▇@icloud.com

件名: ▇▇@docomo.ne.jp

✓ ▇▇@icloud.com

お元気 ▇▇@docomo.ne.jp

HINT 書きかけのメールを一時的に閉じておける

作成中のメールは書きかけの状態で一時的に閉じておくことができます。ほ
かのメールを参照しながら、メールを作成したいときに便利です。iCloudや
Gmailなど、クラウド型のメールサービスでは、[キャンセル]をタップして、
[下書きを保存]をタップすると、サーバーに下書きを保存することができます。

件名を下に**スワイプ**

キャンセル

同窓会幹事の打ち合わせ ⬆

宛先: 稲川光輝 江端雅久　⊕

Cc/Bcc、差出人: ▇▇@icloud.com

件名: 同窓会幹事の打ち合わせ

お元気ですか。

そろそろ同窓会開催の時期が迫ってきました。
この状況なので、幹事の打ち合わせはオンライン
で実施しようと思います。

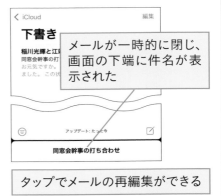

< iCloud　　　　　　　編集

下書き

稲川光輝と江端
同窓会幹事の打ち
お元気ですか。
ました。この状

メールが一時的に閉じ、
画面の下端に件名が表
示された

⊟　アップデート: たった今　✎

同窓会幹事の打ち合わせ

タップでメールの再編集ができる

次のページに続く→

HINT CcやBccは何に使うの?

CcやBccは同じメールを宛先以外の相手にも同時に送りたいときに利用します。宛先にも複数の相手を指定できますが、仕事の同僚など、メールの主な送り先ではないが、同じ情報を共有したいというときなどに、CcやBccを使います。Ccに指定されたメールアドレスは、メールを受け取ったすべての相手が確認できますが、Bccに指定されたメールアドレスは、Bccに指定された相手を含め、確認できません。

HINT メールの署名は変更しておこう

標準の設定では、[メール]で新規メールを作成すると、本文の最後に「iPhoneから送信」という署名が自動的に付加されます。署名を変更したり、削除したりしたいときは、[設定]-[メール]にある[署名]をタップします。複数のメールアカウントを設定しているときも共通の署名が使われるので、署名はどのアカウントでも使えるような内容にしておきましょう。

ワザ033を参考に、[メール]の画面を表示しておく

❶画面を下にスクロール

❷[署名]をタップ

❸署名を入力

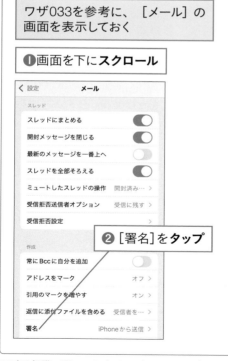

●まめ知識 iPhoneのパッケージには、アップルのロゴマークのシールが入っています。

メール

メールに写真を添付するには

iPhoneで撮影した写真やビデオをメールに添付し、送信することができます。写真を添付したメールを送信するときは、その写真のサイズを縮小するかどうかを選ぶこともできます。

1 基本

2 設定

3 電話

4 メール

5 ネット

6 アプリ

7 写真

8 便利

9 疑問

1 写真の一覧を表示する

ワザ034を参考に、メールの
作成画面を表示しておく

❶写真を挿入する場所を
タップ

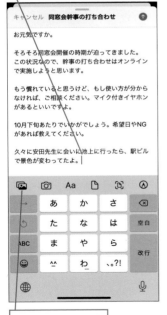

❷ここを**タップ**

アイコンが表示されないときは、
画面右の < をタップする

2 添付する写真を選択する

メールの作成画面の下に、
写真の一覧が表示された

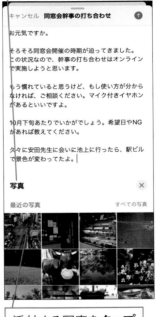

添付する写真を**タップ**

次のページに続く──→

3　添付する写真を選択できた

選択した写真が添付された

ここを**タップ**

4　添付する写真を選択できた

メールの作成画面に戻った

HINT　複数の写真をまとめて添付できる

手順3の画面では、✅が付いている写真がメールに添付されます。複数の写真をタップして✅を付ければ、それらの写真をまとめてメールに添付することができます。意図しない写真をタップして送ってしまわないように、送信する前に、本文をスクロールさせ、添付されている写真を確認してから、送信するようにしましょう。

複数の写真をまとめて選択できる

[すべての写真]をタップすると、古い写真も選択できる

●まめ知識　受信したメールを左にスワイプし、ごみ箱アイコンをタップすると、メールを削除できます。

036

メール

受信したメールを読むには

設定されたメールサービスのメールを受信すると、メールの着信音が鳴り、画面に通知が表示されます。受信したメールは［メール］で読むことができます。一覧でメールをタップして、内容を表示しましょう。

1 メールの内容を表示する

> ワザ034を参考に、［メール］を起動し、［受信］の画面を表示しておく

> 内容を表示するメールを**タップ**

2 メールの内容が表示された

> ここをタップすると、［受信］の画面が表示される

> ここのボタンで前後のメールに移動できる

HINT 複数のメールボックスを切り替えて表示できる

手順1のメールの一覧画面で、左上のアカウント名をタップすると、メールボックスの一覧が表示され、メールボックスをタップすると、そのメールボックス内のメール一覧が表示されます。複数のメールサービスを設定しているときは、［全受信］で全アカウントのメールをまとめて表示したり、それぞれを個別に選択して、表示できます。iCloudなどのWebメールのサービスでは、サーバー上のフォルダも表示されます。

次のページに続く→

HINT メールの受信間隔を変更できる

iCloudなど、一部のメールサービスは、メールの自動受信（プッシュ通知）に対応しますが、ほかのサービスは一定時間ごとの自動新着チェック機能（フェッチ）で、メールを受信します。フェッチの間隔は、[設定]の画面の[メール]‐[アカウント]の画面で変更できます。

[データの取得方法]で
新着メールの受信間隔を
設定できる

HINT メールを検索して活用しよう

受信したメールはキーワードを入力して、検索することができます。サーバー上に保存されているメールも検索できます。[メッセージ]でも同様にメッセージを検索することが可能です。

[受信]の画面
を表示しておく

❶画面を下に
スワイプ

❸キーワードを入力

❷[検索]をタップ

❹[検索]をタップ

キーワードを本文に含むメールの
検索結果画面が表示される

●まめ知識 iOSのキーボード同様、初期のMacのキーボードにもカーソルキーがありませんでした。

037

メール

差出人を連絡先に追加するには

受信したメールの差出人のメールアドレスを連絡先に登録できます。メールアドレスは新しい連絡先として登録することもできるほか、すでに登録済みの連絡先に追加で登録することもできます。

1 基本

2 設定

3 電話

4 メール

5 ネット

6 アプリ

7 写真

8 便利

9 疑問

1 メールの差出人の情報を表示する

ワザ036を参考に、メールの内容を表示しておく

メールの差出人を2回**タップ**

2 [連絡先]への追加方法を選択する

メールの差出人の情報が表示された

[新規連絡先を作成]を**タップ**

[連絡先]が起動するので、ワザ027を参考に、連絡先を登録する

HINT メール本文から連絡先に登録できる

受信したメールの本文に記載されているメールアドレスや電話番号、住所などは、リンクとして青く表示されることがあります。リンクをロングタッチして、[連絡先に追加]を選ぶと、連絡先に追加できます。同じメールに記載されているほかの項目も自動で入力されるので、内容を確認してから登録しましょう。

038

メッセージ

［メッセージ］で
メッセージを送るには

メッセージ

［メッセージ］ではSMSやiMessageのメッセージを利用できます。入力した宛先に合わせ、自動的に最適なメッセージ機能が選択され、宛先の色や本文入力欄で、どの機能で送信するかを確認できます。

1 ［メッセージ］を起動する

［メッセージ］を**タップ**

［あなたと共有］の画面が表示されたときは［OK］をタップする

集中モード中の共有に関する画面が表示されたときは［OK］をタップする

2 メッセージを作成する

ここを**タップ**

編集

メッセージ

Q 検索

HINT **アニ文字やミー文字って何？**

「アニ文字」は、自分の表情を反映させたCGアニメーションをiMessageで送信できる機能で、最新のiPhoneが対応しています。顔のパーツを選んで、自分に似せたCGキャラクターを作る「ミー文字」という機能も利用できます。

HINT **メッセージに写真を添付できる**

iMessageはメッセージに写真やビデオを添付して、送信できます。メッセージの作成画面で 📷 をタップすると、カメラが起動するので、写真を撮影し、添付できます。また文字の入力画面で ⦿ をタップすると、iPhoneに保存されている写真やビデオを選んで、送信できます。

3 メッセージの送信先を追加する

ここを**タップ**

ここをタップすると、iMessageではミー文字が作成できる

4 連絡先を選択する

メッセージを送信する連絡先を**タップ**

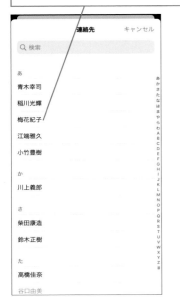

5 送信先を選択する

連絡先の詳細画面が表示された

送信先を**タップ**

6 メッセージを送信する

メッセージの送信先が追加された

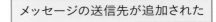

↑が緑色のときはSMS/MMS、青色のときはiMessageでメッセージが送信される

❶メッセージを**入力**

❷ここを**タップ**

メッセージが送信される

1 基本
2 設定
3 電話
4 メール
5 ネット
6 アプリ
7 写真
8 便利
9 疑問

受信したメッセージを読むには

[メッセージ] がメッセージを受信すると、通知音が鳴り、新着通知が表示され
ます。iPhoneがスリープ状態だったり、ほかのアプリを使っているときでもメッ
セージは自動的に受信されます。

第4章 メールとメッセージを使いこなそう

メッセージの確認

1 メッセージの内容を表示する

標準の設定ではメッセージを
受信すると、バナーとバッジで
通知される

[バナー]
を**タップ**

[メッセージ]をタップ
してもいい

2 メッセージが表示された

会話のような吹き出しで
メッセージが表示された

ここにメッセージを入力すると、
返信できる

HINT 新着メッセージはロック画面などにも通知が表示される

新着通知がどのように表示されるかは、ワザ090で説明している通知の設
定内容によります。ロック画面に表示しないようにしたり、通知センターに
まとめて表示するかどうかも設定できるので、自分の使い方に合わせた設
定に変更しておきましょう。

040

メッセージ

メッセージを削除するには

受信したメッセージは削除する必要はありませんが、不要なメッセージや人に読まれたくないメッセージは、下記の手順で削除できます。削除したメッセージは元に戻せないので、よく確認してから削除しましょう。

1 削除するメッセージを選択する

ワザ038を参考に、[メッセージ]の画面を表示しておく

❶削除するメッセージを含む宛先を**タップ**

メッセージの内容が表示された

❷メッセージを**ロングタッチ**

2 メッセージを削除できるようにする

オプションが表示された

[その他]を**タップ**

注意 削除の操作はやり直すことができません。メッセージを削除する前に、メッセージの内容をよく確認して、慎重に操作してください

1 基本
2 設定
3 電話
4 メール
5 ネット
6 アプリ
7 写真
8 便利
9 疑問

次のページに続く→

3 メッセージを削除する

❶削除するメッセージを**タップ**して、チェックマークを付ける

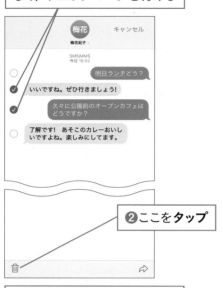

❷ここを**タップ**

❸ [〇件のメッセージを削除]を**タップ**

メッセージが削除される

HINT 大切なメッセージはコピーして保存できる

メッセージの内容は、手順2の下の画面で [コピー] をタップすると、47ページの手順で [メモ] など、ほかのアプリに貼り付けられます。写真や動画は [保存] をタップすると、 [写真] に保存されます。ひとつの画面内に収まるやりとりなら、サイドボタンと音量を上げるボタンを同時に押して、画像として保存しておくのもいいでしょう。また、iPhoneのバックアップ（ワザ093）を保存すると、メッセージの内容も保存され、復元（ワザ096）したときにメッセージの内容も復元されます。

HINT 特定の相手のメッセージをまとめて削除できる

前ページの手順1の画面で、削除したい相手を左にスワイプし、ゴミ箱アイコンをタップすることで、その相手とのやりとりをまとめて削除できます。確認済みの不在着信通知のメッセージや迷惑メールは、必要に応じて、削除しましょう。

❶相手の名前を左に**スワイプ**

❷ゴミ箱アイコンを**タップ**

041

+メッセージ

+メッセージ

[＋メッセージ]を利用するには

「＋メッセージ」はNTTドコモ、au、ソフトバンクと一部の通信会社のスマートフォンで送受信できるメッセージサービスです。SMSと同じように、電話番号を宛先として使いますが、送受信するには初期設定が必要です。

[＋メッセージ]のダウンロードと初期設定

1 [＋メッセージ]のアプリの ダウンロードを開始する

ワザ021を参考に、ドコモメールの初期設定プロファイルをインストールしておく

ワザ006を参考に、ホーム画面を切り替えておく

[＋メッセージ]を**タップ**

ワザ051を参考に、[App Store]で[＋メッセージ]を検索してもいい

ワザ050を参考に、アプリをダウンロードするための準備をする

2 アプリを入手する

[入手]を**タップ**

ワザ052を参考に、[＋メッセージ]のダウンロードを続けてアプリを開く

3 初期設定を開始する

ワザ017を参考に、Wi-Fi（無線LAN）をオフにしておく

[次へ]を**タップ**

次の画面でも[次へ]をタップする

次のページに続く──➡

1 基本

2 設定

3 電話

4 メール

5 ネット

6 アプリ

7 写真

8 便利

9 疑問

4 連絡先へのアクセスを許可する

連絡先へのアクセスを求める確認
画面が表示された

[OK]を**タップ**

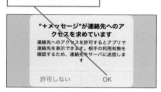

5 通知の送信を許可する

通知を送信するかを確認する
画面が表示された

[許可]を**タップ**

6 利用規約を確認し、同意する

利用規約が表示された

[同意する]を**タップ**

設定完了の画面が表示されたら
[OK]をタップする

7 アプリの紹介画面を確認する

[スキップ]を**タップ**

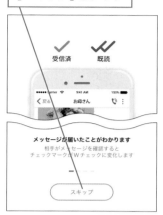

続いて表示される画面でも同様に、
[スキップ]をタップする

8 プロフィールを設定する

❶名前とひと言を
入力

❷[OK]を
タップ

初期設定が完了し、[+メッセージ]
の[メッセージ]画面が表示される

第4章 メールとメッセージを使いこなそう

●まめ知識　＋メッセージは2018年5月から開始された、比較的新しいメッセージサービスです。

［＋メッセージ］のメッセージの送信

1 新しいメッセージを作成する

［＋メッセージ］を起動し、［メッセージ］の画面を表示しておく

❶ここを**タップ**

❷［新しいメッセージ］を**タップ**

HINT 従来の3社以外とも送受信できる

＋メッセージはNTTドコモ、au、ソフトバンクが提供してきましたが、UQモバイル、povoでも利用できます。2022年3月にはワイモバイル、LINEMOでも利用が開始し、3社のネットワークを利用するMVNO各社でも利用できるようになります。

2 送信相手を指定する

［新しいメッセージ］の画面が表示された

ここでは電話番号を直接、指定して、メッセージを送信する

❶電話番号を**入力**

❷［直接指定］を**タップ**

3 送信相手を招待する

相手を［＋メッセージ］に招待するかを確認する画面が表示された

［招待する］を**タップ**

ワザ038～039の操作を参考に、メッセージを送受信する

1 基本
2 設定
3 電話
4 メール
5 ネット
6 アプリ
7 写真
8 便利
9 疑問

COLUMN

定額サービスで読み放題や見放題を楽しもう！

スマートフォン向けには音楽や映像、電子書籍などを定額料金で楽しめるサービスが数多く提供されています。いつでもどこでも好きなときに、自由に映像や電子書籍などを楽しめるので、各社のサービスをチェックしてみましょう。

●最新の雑誌が読み放題

dマガジン

月額440円

700誌以上の多彩なジャンルの人気雑誌の最新号とバックナンバーがいつでも読み放題

●世界最大のストリーミングサービス

Netflix

月額990円～

映画や国内外のドラマなどをいつでも視聴可能。Netflixオリジナルの映画やドラマも充実

●見放題に加え、最新作も

Amazonプライム

月額500円（年額4,900円）

Amazonプライム会員は追加料金なしで、映画やドラマが見放題。最新作は個別課金のレンタルも可能

●4つのサービスをお得に

Apple One

月額1,100円～

音楽のApple Music、映像のApple TV+、ゲームのApple ArcadeとiCloudの追加容量がまとめてお得に

第5章

インターネットを
自在に使おう

042

Safari

iPhoneでWebページを見よう

iPhoneではWebページの閲覧に［Safari］を使います。はじめて起動したときは、手順2の画面が表示されます。ここで解説する手順のほかに、キーワードで検索したり、URLを入力して、Webページを表示することができます。

第5章 インターネットを自在に使おう

Webページの表示

1 ［Safari］を起動する

［Safari］を**タップ**

2 ［Safari］が起動した

ここでは［お気に入り］に登録されているアップルのWebページを表示する

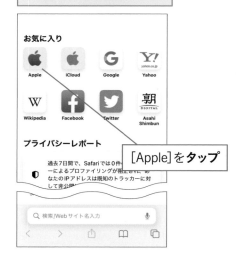

［Apple］を**タップ**

HINT 自動的に新しいタブが開くこともある

このワザで解説したWebページでは、リンクをタップしたとき、同じタブにリンク先が表示されます。しかし、Webページによっては、リンク先が別のタブで表示されることがあります。タブを切り替えたり、タブを閉じたりする操作は、ワザ044を参照してください。

HINT 左右にスワイプして戻ったり、進んだりできる

画面の両端から左、もしくは右にスワイプすると、Webページの移動ができます。左端から右にスワイプすると前のページに、その状態で右端から左にスワイプすると、直前に表示していたページに移動します。

HINT Webページの先頭をすばやく表示できる

検索結果や掲示板、ブログ、ニュースなどを下段まで読み進めた後、再びWebページの先頭（最上段）に戻りたいときは、ステータスバー（26ページ）をタップしましょう。Webページの一番上の画面が表示されます。このステータスバーをタップして画面の先頭を表示する操作は、[Safari]以外のアプリでも使えるので、覚えておきましょう。

3 Webページが表示された

リンクを**タップ**

4 リンク先のWebページが表示された

画面を**タップ**

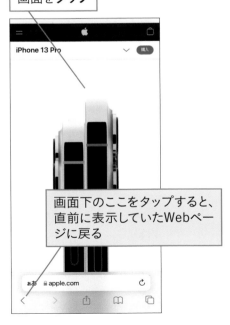

画面下のここをタップすると、直前に表示していたWebページに戻る

次のページに続く──→

Webページの拡大表示

1 Webページを拡大表示する

拡大する部分を**ダブルタップ**

Webページによっては拡大
できないこともある

2 Webページが拡大表示された

同じ場所をもう一度、
ダブルタップすると、
元の倍率で表示される

HINT ピンチや3本指ダブルタップも便利

Webページが表示される大きさを自由に変更したいときは、2本の指で操作するピンチ操作（ワザ004）で、拡大／縮小できます。また、［設定］の画面（ワザ017）の［アクセシビリティ］にある［ズーム］で［ズーム機能］をオンにすると、3本指のダブルタップでも画面を拡大できます。ゲームなど、ほかのアプリの画面も拡大できるので便利です。

●まめ知識　Googleのサービスを使うことが多いときは、［Chrome］のアプリが便利です。

[Safari]の画面構成

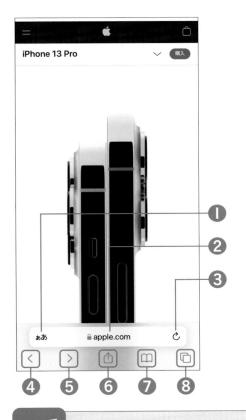

❶ 表示方法についてのメニューを表示できる

❷検索フィールド
URLでWebページを表示したり、キーワードで検索したりできる

❸ 表示されているWebページを再読み込みできる

❹ 直前に表示していたWebページに戻れる

❺ Webページを戻ったとき（❹の操作後）、直前に表示していたWebページに進める

❻ 共有やブックマーク追加などのメニューを表示できる

❼ 登録済みのブックマークやリーディングリスト、履歴を表示できる

❽ タブの切り替えや新しいタブの表示ができる

1 基本
2 設定
3 電話
4 メール
5 ネット
6 アプリ
7 写真
8 便利
9 疑問

HINT 「位置情報の利用を許可しますか?」と表示されたときは

現在地付近のコンビニを検索するときなど、位置情報と連動したWebページでは、「使用中に位置情報の利用を許可しますか?」と表示されることがあります。［Appの使用中は許可］をタップすると、現在地を基にした検索結果を表示するなど、位置情報を使ったWebページの機能が使えるようになります。

［Appの使用中は許可］を**タップ**

Safari

Webページを検索するには

Webページを検索したいときは、[Safari]の検索フィールドにキーワードを入力します。Google検索の結果だけでなく、入力したキーワードにマッチした情報やブックマークなども表示されます。

第5章 インターネットを自在に使おう

1 キーワードを入力できるようにする

ワザ042を参考に、[Safari]を起動しておく

❶URLの表示をタップ

検索フィールドが表示された

❷検索フィールドをタップ

2 検索を実行する

URLが反転し、検索フィールドに文字を入力できる状態になった

[Google検索]の下に予測候補が表示される

❶キーワードを入力

❷[開く]をタップ

[英語]のキーボードでは[Go]をタップする

●まめ知識　手順2で検索フィールドの右の ⊗ をタップすると、URLや文字をすべて一度に削除できます。

3 Googleの検索結果が表示された

リンクをタップして、Webページを表示できる

1
基本

2
設定

3
電話

4
メール

5
ネット

6
アプリ

7
写真

8
便利

9
疑問

HINT URLを直接、入力することもできる

手順2の検索フィールドには、URLを入力して、Webページを表示することができます。URLは主に英数字を使うので、ワザ013を参考に、キーボードを［英語］に切り替えます。URLは1文字でも間違えると、目的のWebページは表示されないので、よく確認しながら、入力しましょう。

HINT Webページ内の文字を検索できる

検索フィールドでは表示しているWebページ内を検索することができます。Webページを表示した状態で、検索フィールドにキーワードを入力すると、そのWebページ内にキーワードと一致する件数が表示されます。［"～"を検索］（～は入力したキーワード）をタップすると、Webページ内のキーワードが黄色くハイライトされて表示されます。ニュースや掲示板など、文字の多いWebページ内で検索したいときなどに便利です。

手順2の画面を表示しておく

検索するキーワードを**入力**

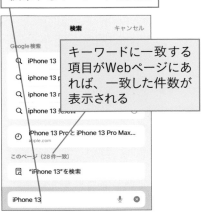

キーワードに一致する項目がWebページにあれば、一致した件数が表示される

Webページの閲覧

リンク先をタブで表示するには

[Safari] には複数のWebページを別々の「タブ」で開き、切り替えながら表示する機能があります。ニュースサイトやショッピングサイトなど、表示中のページを開いたまま、複数のページを見比べたいときに便利です。

第5章　インターネットを自在に使おう

新しいタブで表示

1 リンクのオプションを表示する

ここではリンク先のWebページを
新しいタブで表示する

リンクを**ロングタッチ**

2 リンクのオプションが表示された

リンク先が一時的に
表示される

[新規タブで開く]を
タップ

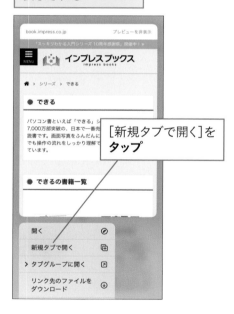

HINT 電話番号や地図などはアプリが起動して表示される

Webページのリンク先によっては、［電話］［マップ］［メール］など、別のアプリが起動することがあります。リンク先に応じて選択肢が変わるので、やりたい操作を選びましょう。

3 リンク先が新しいタブで表示された

リンク先のページがすぐに表示される

HINT タブグループも便利

タブグループは複数のタブをグループにまとめられる機能です。「予約店舗候補」や「新規案件参考」など、関連するWebページをまとめて登録しておくことで、グループから見たいWebページのタブをすぐに表示できます。

タブの切り替え

1 タブの一覧を表示する

前ページの手順を参考に、Webページを複数のタブで表示しておく

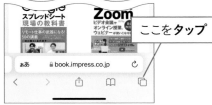

ここを**タップ**

2 タブを切り替える

タブの一覧が表示された

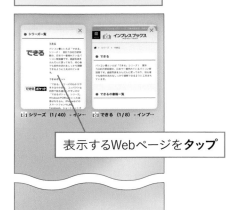

表示するWebページを**タップ**

＋　　2個のタブ∨　　完了

次のページに続く⟶

1 基本
2 設定
3 電話
4 メール
5 ネット
6 アプリ
7 写真
8 便利
9 疑問

3 タブが切り替わった

タブが切り替わって、Webページが
表示された

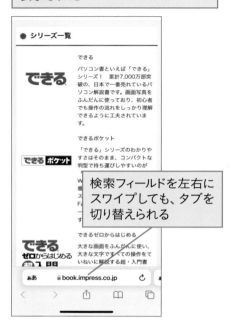

検索フィールドを左右に
スワイプしても、タブを
切り替えられる

HINT 表示中の不要な
タブを閉じよう

手順2の画面で任意のタブを左
にスワイプすると、閉じることが
できます。また、タブの左上に
ある×をタップして、閉じること
もできます。不要なタブは閉じる
ようにしておきましょう。

ここをタップ

HINT 新しいタブを表示するには

［Safari］の画面右下に表示されて
いる□をタップし、左下の＋をタッ
プすると、新規タブが表示されます。
現在表示中のWebページはそのま
まにして、ほかのことを調べたいと
きは、新規タブで新しいWebペー
ジを表示すると便利です。＋をロ
ングタッチすると、［最近閉じたタ
ブ］の画面が表示され、閉じたタブ
をもう一度、開くことができます。

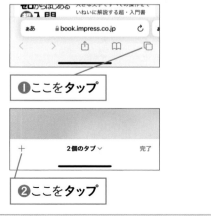

❶ここをタップ

❷ここをタップ

045

Safari

Webページを読みやすく表示するには

記事や小説など、Webページの情報を集中して読みたいときは、「リーダー表示」が便利です。本文部分を拡大したり、余計なデザイン要素を非表示にしたりすることで、文字や画像が見やすくなります。

1 Webページをリーダー表示に変更する

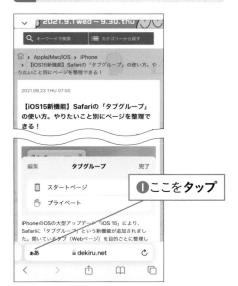

❶ここをタップ

❷ [リーダー表示を表示] を
タップ

2 フォントや文字の大きさを変更する

リーダー表示に切り替わった

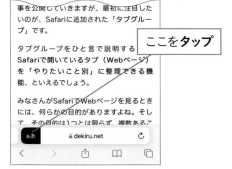

ここをタップ

フォントを変更できる

[リーダー表示を非表示] をタップ
すると、元の画面が表示される

046

ブックマーク

Webページを後で読むには

Safari

ニュースサイトやブログなど、毎日チェックするようなWebサイトは、「ブックマーク」に保存しておくと、簡単な操作ですぐに表示できます。文字を入力して検索する手間が省けるので便利です。

第5章 インターネットを自在に使おう

ブックマークの追加

1 [Safari]のオプションを表示する

ブックマークに追加するWebページを表示しておく

ここを**タップ**

2 ブックマークを追加する

❶ [ブックマークを追加]を**タップ**

ブックマークの名前は自由に設定できる

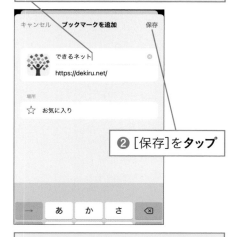

❷ [保存]を**タップ**

Webページのブックマークを追加できた

まめ知識　手順2の上画面で [お気に入りに追加]をタップすると、お気に入りに直接保存できます。

ブックマークの表示

1 [ブックマーク]の画面を表示する

ここではブックマークの一覧を表示する

ここを**タップ**

2 ブックマークを表示する

[お気に入り]を**タップ**

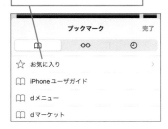

3 Webページを表示する

❶画面を下に**スクロール**

❷表示するWebページのブックマークを**タップ**

Webページが表示される

HINT ブックマークをホーム画面からすばやく表示できる

ホーム画面の [Safari] のアイコンをロングタッチして、 [ブックマークを表示]まで指をスライドさせてから指を離すことでも [ブックマーク]を表示できます。

[Safari]をロングタッチすると、ブックマークなどをすばやく表示できる

1 基本
2 設定
3 電話
4 メール
5 ネット
6 アプリ
7 写真
8 便利
9 疑問

047

Safari

Webページを
共有／コピーするには

[Safari]で表示しているWebページをほかの人と共有したいときは、このレッスンの手順でWebページのURLをメールで送るか、Webページ上の文章をコピーし、メールなどにペーストして送るといいでしょう。

第5章 インターネットを自在に使おう

WebページのURLをメールで送信

1 メールの作成画面を表示する

Webページを表示しておく

❶ここを**タップ**

❷[メール]を**タップ**

2 メールが作成された

メールが作成され、本文にWebページのURLが入力された

HINT アプリによって表示される内容は変わる

手順1の下の画面に表示される共有の項目は、インストールされているアプリによって変わります。たとえば、SNSのアプリをインストールすると、共有先の項目として、SNSが追加されることもあります。

●まめ知識　文字を選択できないときは、ワザ045の方法でリーダー表示にしてみましょう。

Webページの文字をコピー

1 文字を選択する

文字をコピーするWebページを
表示しておく

文字を**ロングタッチ**

⌄

たくさんのページを開いても散らからな
い

2021年9月21日、iOSの最新バージョン「iOS 15」
がリリースされました。できるネットでは今後も新
機能の使い方解説記事を公開していきますが、最初
に注目したいのが、Safariに追加された**「タブグル
ープ」**です。

タブグループをひと言で説明すると、**Safariで開い
ているタブ（Webページ）を「やりたいこと別」に
整理できる機能**、といえるでしょう。

みなさんがSafariでWebページを見るときには、何
らかの目的がありますよね。そして、その目的は1
つとは限らず、複数あることが多い思います。例え
ば「新発売のゲームについて知りたい」「週末に行

2 コピーする範囲を指定する

❶**画面から
指を離す**

操作のメニューが
表示された

選択範囲の両端にグラブポイント
が表示された

⌄

たくさんのページを開いても散らからな
コピー　　調べる　　翻訳　　ユーザ辞書...　　共有...

2021年9月21日、iOSの最新バージョン「iOS 15」
がリリースされました。できるネットでは今後も新
機能の使い方解説記事を公開していきますが、最初
に注目したいのが、Safariに追加された**「タブグル
ープ」**です。

タブグループをひと言で説明すると、**Safariで開い
ているタブ（Webページ）を「やりたいこと別」に
整理できる機能**、といえるでしょう。

みなさんがSa　　らかの目的が　　❷**グラブポイントをドラッグ
つとは限らず、**　　して文字を選択**
ば「新発売の
く公園に駐車場があるか調べたい」「買おうと思っ
ていた本の評判が気になる」といった具合です。

さらに、それぞれの目的に関連するWebページを複

3 文字をコピーする

❶**画面から
指を離す**

❷**［コピー］を
タップ**

⌄

たくさんのページを開いても散らからな
コピー　　調べる　　翻訳　　ユーザ辞書...　　共有...

2021年9月21日、iOSの最新バージョン「iOS 15」
がリリースされました。できるネットでは今後も新
機能の使い方解説記事を公開していきますが、最初
に注目したいのが、Safariに追加された**「タブグル
ープ」**です。

タブグループをひと言で説明すると、**Safariで開い
ているタブ（Webページ）を「やりたいこと別」に
整理できる機能**、といえるでしょう。

みなさんがSafariでWebページを見るときには、何
らかの目的がありますよね。そして、その目的は1
つとは限らず、複数あることが多い思います。例え
ば「新発売のゲームについて知りたい」「週末に行
く公園に駐車場があるか調べたい」「買おうと思っ
ていた本の評判が気になる」といった具合です。

さらに、それぞれの目的に関連するWebページを複
数開いて同時に見ていく、といったことも自然にし

文字がコピーされる

46ページを参考に、［メモ］などほか
のアプリに文字をペーストできる

HINT 文字と画像をいっしょ
にコピーできる

一般的に、Webページは文字と
画像が混在しています。手順2で、
選択範囲を広げると、Webページ
にある画像やWebページへのリン
クをいっしょに選択してコピーし、
ほかのアプリにペーストできます。
ただし、ペースト先のアプリが画
像やリンクに対応してないときは、
正しくコピーされないので注意し
ましょう。

1 基本

2 設定

3 電話

4 メール

5 ネット

6 アプリ

7 写真

8 便利

9 疑問

スクリーンショットを撮るには

地図やWebページなど、画面に表示された情報をメモとして保存しておきたいときは、スクリーンショットを使うと便利です。特定のボタンを操作することで、画面の表示内容を画像として簡単に保存できます。

スクリーンショットの作成

1 表示中の画面でスクリーンショットを作成する

ここでは［マップ］の画面を画像として保存する

ワザ057を参考に、［マップ］で地図を表示しておく

サイドボタンと音量を上げるボタンを同時に**押して、すぐ離す**

2 スクリーンショットが作成できた

作成したスクリーンショットの縮小画面が一時的に表示される

何もしなければ、そのまま画像として保存される

縮小画面をタップすると、次ページの編集画面に進む

スクリーンショットをその場で編集

1 編集画面でスクリーンショットを
編集する

前ページの手順2の画面で、左下の
縮小画面をタップしておく

ここでは画面に手描きで印を
付ける

❶ここを**タップ**

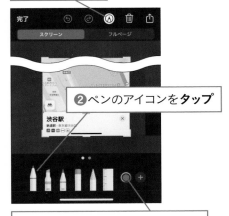

❷ペンのアイコンを**タップ**

❸ここを**タップ**し、色を赤に設定

2 スクリーンショットの編集を
終了する

❶赤いペン
で**描く**

❷画面左上の
[完了]を**タップ**

❸ ["写真"に保存]を**タップ**

加工した画像が保存される

HINT [写真]のアプリで確認できる

保存したスクリーンショットは、ワザ072 [写真] のアプリを使うことで、後
から表示できます。 [アルバム]の [スクリーンショット]を開いてみましょう。

HINT 画面を動画として保存できる

iPhoneでは画面操作を動画として、保存することもできます。 [設定]の画面
で [コントロールセンター] をタップし、 [画面収録] の➕をタップして機能
をコントロールセンターに追加します。続いて、コントロールセンターを表示
して、 [画面収録]のアイコンをタップすると、録画が開始されます。

1 基本
2 設定
3 電話
4 メール
5 ネット
6 アプリ
7 写真
8 便利
9 疑問

049

ファイル

PDFを保存するには

[Safari]はPDF形式のファイルを表示することができ、表示したPDFファイルをiPhone本体やiCloudに保存できます。保存したPDFファイルは、[ファイル]を起動すれば、いつでも表示することができます。

PDFファイルの保存

1 PDFファイルの保存を開始する

[Safari]でPDFファイルのリンクをタップし、表示しておく

 city.setagaya.lg.jp

ここを**タップ**

2 PDFファイルの保存方法を選択する

ここでは[ファイル]のアプリに保存する

❶画面を下にスクロール

❷[″ファイル″に保存]を**タップ**

3 PDFファイルの保存先を選択する

ここではiPhone内に保存する

❶ [このiPhone内]を**タップ**

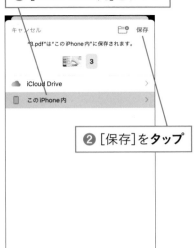

キャンセル　　　　　　　　　📁 保存

"3.pdf"は"このiPhone内"に保存されます。

　　　　　3

☁ iCloud Drive　　　　　　　　　　>

▯ このiPhone内　　　　　　　　　　>

❷ [保存]を**タップ**

PDFファイルが [ファイル] の
アプリに保存される

1 基本

2 設定

3 電話

4 メール

5 ネット

6 アプリ

7 写真

8 便利

9 疑問

HINT iCloudにファイルを保存するには

iCloudを利用しているときは、手順3で [iCloud Drive] をタップすると、iCloudにPDFファイルを保存できます。 [ファイル]からだけでなく、パソコンなどからiCloudにアクセスして、PDFファイルを参照することもできます。

HINT [ブック]にも保存できる

PDFファイルは [ブック] のアプリでも保存や閲覧ができます。手順2の画面で、上部のアプリのアイコンから [ブック]を選択、または [その他]から [ブック]を選択して保存しましょう。スワイプでページをめくれるので、複数ページの文書を読むのに適しています。

HINT Webページの画像を保存することもできる

Webページの画像を保存したいときは、画像をロングタッチして、オプションから ["写真"に追加]をタップします。保存した画像は [写真]のアプリなどで表示できます。ただし、保存が禁止されている画像は ["写真"に追加]が表示されません。

HINT 本書の電子版をiPhoneで持ち歩ける

本書を購入した人は、本書の電子版（PDF版）をダウンロードできます。ダウンロードしておけば、iPhoneでいつでも本書を読むことができるようになります。ダウンロード方法は15ページを参照してください。

次のページに続く──→

保存したPDFファイルの表示

1 ［ファイル］を起動する

ワザ006を参考に、ホーム画面を切り替えておく

［ファイル］を**タップ**

2 ファイルが保存された場所を表示する

［ファイル］が起動した

❶［ブラウズ］を**タップ**

❷［このiPhone内］を**タップ**

場所の一覧が表示されないときは、［ブラウズ］をもう一度タップする

3 保存したPDFファイルを表示する

［このiPhone内］に保存されたファイルの一覧が表示された

保存したファイルを**タップ**

PDFファイルが表示された

複数のページがあるときは、上下にスクロールして、内容を閲覧できる

🔵まめ知識　PDFファイルの閲覧には「Adobe Acrobat Reader」などのアプリもおすすめです。

第6章

アプリを活用しよう

050

App Store

ダウンロードの準備をするには

iPhoneにアプリや音楽をダウンロードするには、Apple IDでのサインインや支払い方法の登録が必要です。[App Store]から登録しておきましょう。支払いにはクレジットカードのほか、App Store & iTunesギフトカードも使えます。

App Store ／ iTunes Storeへのサインイン

1 [App Store]を起動する

[App Store]を**タップ**

[App Storeの新機能]の画面が表示されたときは、[続ける]をタップする

[パーソナライズされた広告]の画面が表示されたときは、[パーソナライズされた広告をオンにする]をタップする

位置情報の利用に関する確認画面が表示されたときは、[Appの使用中は許可]をタップする

2 [アカウント]の画面を表示する

ここを**タップ**

3 iTunes Storeにサインインする

❶アカウント名を**タップ**

❷Apple IDのパスワードを**入力**

❸[サインイン]を**タップ**

支払い方法の登録

1 基本
2 設定
3 電話
4 メール
5 ネット
6 アプリ
7 写真
8 便利
9 疑問

1 App Store ／ iTunes Store の請求先情報を登録する

はじめてApp Store ／ iTunes Store を利用するときは、確認の画面が表示される

［レビュー］をタップ

パスワードの入力画面が表示されたときは、パスワードを入力してサインインする

2 利用する国とサービス規約を確認する

❶ [日本]が選択されていることを**確認**

ここをタップして、利用規約を確認しておく

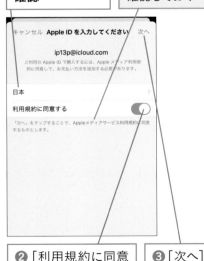

❷ [利用規約に同意する] のここを**タップ** して、オンに設定

❸ [次へ] を**タップ**

3 支払い方法を選択してフリガナを入力する

クレジットカードを利用するときは、[クレジット／デビットカード]をタップする

❶ [None]にチェックマークが付いていることを**確認**

❷名前のフリガナを**入力**

ワザ019で設定した名前を確認する

❸画面を下に**スクロール**

次のページに続く→

4 住所を設定する

❶市区町村までの住所を**入力**

❷[都道府県]の[選択]を**タップ**

戻る	Apple ID を入力してください	次へ
名	孝之	
請求先住所		
住所1	神田神保町1-105	
住所2	オプション	
市区町村	千代田区	
都道府県	東京都	
郵便番号	必須	
電話番号	000	0000-0000
国/地域: 日本		

∧ ∨　　　　　　　　　　　完了

長野県
鳥取県
島根県
東京都
徳島県
栃木県

❸都道府県を**選択**

❹[完了]を**タップ**

5 郵便番号と電話番号を入力する

❶郵便番号と電話番号を**入力**

❷[次へ]を**タップ**

戻る	Apple ID を入力してください	次へ
請求先氏名		
姓（フリガナ）	タキザワ	
	神田神保町	
住所2	オプション	
市区町村	千代田区	
都道府県	東京都	
郵便番号	101-	
電話番号	03	
国/地域: 日本		

6 Apple IDの情報が入力できた

請求先情報の登録が終了した

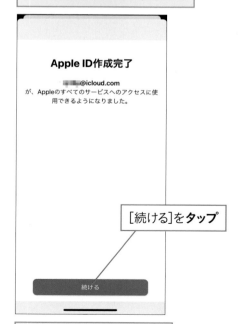

Apple ID作成完了

⬛⬛⬛@icloud.com
が、Appleのすべてのサービスへのアクセスに使用できるようになりました。

[続ける]を**タップ**

続ける

[App Store]の画面に戻る

　●まめ知識　一度チャージしたコードは無効になるので、使用済みのカードはそのまま処分できます。

iTunesギフトカードを利用したApple IDへのチャージ

1 コードの入力画面を表示する

❶画面を下に**スクロール**

❷[コードを使う]を**タップ**

2 入力方法を選択する

iTunesギフトカードの裏面の
銀のテープをはがしておく

[カメラで読み取る]を**タップ**

パスワード入力画面が表示され
たときは、パスワードを入力して
[サインイン]をタップする

3 コードをカメラで読み取る

iTunesギフトカードの裏面の
コードに**カメラを向ける**

カメラがコードを
すぐに読み取る

XQN8QPM7HQHMGHRX

4 Apple IDへのチャージが完了した

iTunesギフトカードから
金額がチャージされた

[完了] を
タップ

1 基本
2 設定
3 電話
4 メール
5 ネット
6 アプリ
7 写真
8 便利
9 疑問

051

App Store

アプリを探すには

App Storeでアプリを探してみましょう。ここで説明しているように、アプリの名前で探すこともできますが、「写真加工」や「おもしろゲーム」など、使いたい機能や目的をキーワードに指定して、探すこともできます。

アプリの検索

1 アプリの検索画面を表示する

ワザ050を参考に、[App Store]を起動し、サインインしておく

必要に応じて、ワザ017を参考に、Wi-Fi（無線LAN）に接続しておく

[検索]を**タップ**

2 アプリの検索画面が表示された

検索フィールドを**タップ**

人気のキーワードをタップすると、アプリを検索できる

HINT **QRコードでもアプリを探せる**

Webページや雑誌などで、アプリの紹介といっしょにQRコードが表示されているときは、[カメラ]でQRコードを読み取り後、画面上に表示されたメッセージをタップすることで、アプリのページを表示できます。

3 キーワードを入力して検索を実行する

❶ キーワードを入力

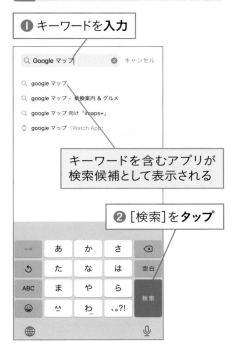

キーワードを含むアプリが
検索候補として表示される

❷ [検索]をタップ

4 キーワードに一致するアプリが表示された

アプリ名をタップすると、アプリの
詳細情報を表示できる

画面を上下にスワイプ
すると、ほかのアプリ
の情報が表示される

<table>
<tr><td>1 基本</td></tr>
<tr><td>2 設定</td></tr>
<tr><td>3 電話</td></tr>
<tr><td>4 メール</td></tr>
<tr><td>5 ネット</td></tr>
<tr><td>6 アプリ</td></tr>
<tr><td>7 写真</td></tr>
<tr><td>8 便利</td></tr>
<tr><td>9 疑問</td></tr>
</table>

App Storeの画面構成

❶Today
[Today]の画面を表示する

❷ゲーム
[ゲーム]の画面を表示する

❸App
おすすめアプリなどを表示する

❹Arcade
ゲームが遊び放題になる月額制のサービス

❺検索
検索フィールドでキーワードからアプリを検索できる

052

App Store

アプリをダウンロードするには

App Storeで気に入ったアプリを見つけたら、ダウンロードして、iPhoneで使えるようにしましょう。データ容量の大きなアプリはWi-Fi（無線LAN）でしかダウンロードができないことがあるので、注意してください。

第6章 アプリを活用しよう

1 ダウンロードするアプリを確認する

ワザ051を参考に、インストールするアプリを検索しておく

[入手]を**タップ**

有料アプリのときは価格が表示される

2 アプリをインストールする

画面下にインストールの確認画面が表示された

[インストール]を**タップ**

有料アプリのときは、[支払い]と表示される

HINT 顔認証（Face ID）でパスワードの入力を省ける

手順3のApple IDのパスワード入力は、Face IDによる顔認証を代わりに使うことができます。ダウンロード時にサイドボタンをダブルクリックすると、顔認証が実行されます。パスワードを入力する手間が省け、すばやくアプリをダウンロードできます。ワザ083を参考に、Face IDを設定しましょう。

●まめ知識　顔認証でも有料アプリがすぐダウンロードされるわけではないので、安心してください。

アプリは自動的に更新される

アプリは新しいバージョンが公開されたタイミングで、自動的に最新版に更新されるため、通常は更新操作をする必要はありません。また、App Storeの右上のユーザーアイコンをタップすると、予定されているアップデートを確認したり、すぐにアップデートを実行したりできます。

ワザ050を参考に、[アカウント]の画面を表示しておく

更新予定のアプリが表示される

画面を下にスワイプすると、更新可能なアプリが再確認できる

3 Apple IDのパスワードを入力する

❶ パスワードを入力

❷ [サインイン]をタップ

[完了]と表示される

4 パスワードの入力頻度を選択する

[15分後に要求]をタップ

[常に要求]をタップすると、ダウンロードのたびに、パスワードの入力が必要になる

インストールが開始される

次のページに続く→

1 基本

2 設定

3 電話

4 メール

5 ネット

6 アプリ

7 写真

8 便利

9 疑問

5 インストールしたアプリを確認する

インストールが完了すると、ボタンの表示が[開く]に切り替わる

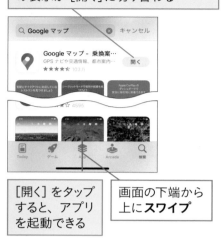

[開く]をタップすると、アプリを起動できる

画面の下端から上に**スワイプ**

6 ダウンロードしたアプリが表示された

インストールしたアプリのアイコンがホーム画面に追加された

HINT　購入したアプリは再ダウンロードできる

購入したアプリは、無料で再ダウンロードできます。下の手順を参考に、iPhoneにインストールされていない購入済みのアプリから、目的のアプリを選んで、再インストールしましょう。同じApple IDを使っていれば、iPadなど、ほかの端末で購入したアプリもダウンロードすることができます。

ワザ050を参考に、[アカウント]の画面を表示しておく

❶[購入済み]を**タップ**

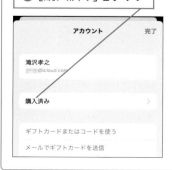

❷[このiPhone上にない]を**タップ**

❸再ダウンロードするアプリのここを**タップ**

アプリが再ダウンロードされる

　●まめ知識　iPad専用アプリはiPhoneで使えませんが、iPhone用アプリはiPadでも使えます。

iOS

アプリを並べ替えるには

ホーム画面に配置されているアプリのアイコンを並べ替えて、アプリを使いやすくしてみましょう。よく使うアプリをまとめて配置したり、アプリの種類ごとに並べたりすることで、iPhoneがより使いやすくなります。

1
基本

2
設定

3
電話

4
メール

5
ネット

6
アプリ

7
写真

8
便利

9
疑問

1 アイコンを
並べ替えられるようにする

アイコンの間を**ロングタッチ**

初回操作時は、［ホーム画面を
編集］の画面で［OK］をタップする

アイコンが波打つ表示になった

2 アイコンを並べ替える

❶アイコンを移動先
まで**ドラッグ**

❷［完了］を
タップ

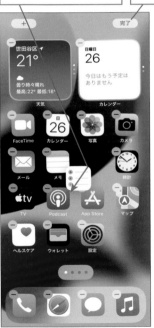

次のページに続く—→

3 アイコンの並べ替えができた

アイコンの配置が変更できた

HINT ホーム画面が追加されることがある

アプリをダウンロードしたときに、ホーム画面にアイコンを配置するスペースがない場合は、ホーム画面に新しいページが追加され、そこにダウンロードしたアプリが配置されます。ホーム画面に追加したアプリが見当たらないときは、ホーム画面をスワイプして、ページを切り替えてみましょう。

HINT Dockのアプリも入れ替えられる

ホーム画面の最下段に表示されているDockには、購入時に［電話］［Safari］［メッセージ］［ミュージック］が登録されています。このDockのアイコンは、ほかのアプリのアイコンやフォルダに入れ替えることができます。Dockはホーム画面を切り替えても常に同じものが表示されるので、カメラやSNS用のアプリなど、自分がよく使うアプリを登録しておくと便利です。

前ページの操作で、Dockのアプリも自由に入れ替えられる

054

アプリの整理

アプリをフォルダにまとめるには

iOS

ホーム画面にたくさんのアプリが配置されているときは、フォルダを使って、アプリを整理しましょう。同じカテゴリーのアプリをまとめたり、使わないアプリを片付けたりしておけば、ホーム画面もすっきり見やすくなります。

1 フォルダを作成する

ワザ053を参考に、アイコンが波打つ表示にしておく

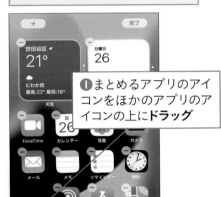

❶まとめるアプリのアイコンをほかのアプリのアイコンの上に**ドラッグ**

アプリのアイコンがフォルダにまとめられた

❷フォルダを**タップ**

2 フォルダの内容が表示された

ここをタップすると、フォルダ名を変更できる

フォルダの外を**タップ**

画面右上の［完了］をタップすると、通常の状態に戻る

HINT フォルダを削除するには

フォルダを削除したいときは、フォルダからすべてのアプリを外にドラッグします。フォルダからアプリがなくなると、自動的にフォルダが削除されます。

1 基本

2 設定

3 電話

4 メール

5 ネット

6 アプリ

7 写真

8 便利

9 疑問

ウィジェットをホーム画面に
追加するには

ウィジェットを追加して、ホーム画面を使いやすくしましょう。ウィジェットは天気やニュースなど、アプリの情報をホーム画面に表示できるミニアプリです。アプリを起動しなくてもいろいろな情報を確認できます。

第6章 アプリを活用しよう

1 ウィジェットの一覧を表示する

ワザ053を参考に、アイコンが
波打つ表示にしておく

ここを**タップ**

2 追加するウィジェットを選択する

ここでは [時計] のウィジェットを
追加する

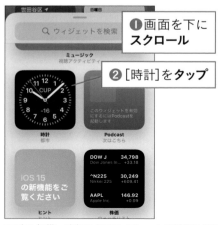

❶画面を下に
スクロール

❷ [時計]を**タップ**

3 ウィジェットのサイズを選んで追加する

❶ウィジェットを
左に**スワイプ**

❷ [ウィジェットを追加]を**タップ**

ホーム画面に横長のウィジェットが追加された

[完了]をタップすると、通常の
状態に戻る

iOS

不要なアプリを片付けるには

ホーム画面のアプリを片付けて使いやすくしてみましょう。あまり使わないアプリを「Appライブラリ」に移動したり、不要なアプリを完全に削除したりすることで、ホーム画面をすっきりさせることができます。

ホーム画面のアプリをAppライブラリに移動

1 アプリを移動できるようにする

ここでは [YouTube] のアプリを移動する

❶ 移動したいアプリを**ロングタッチ**

アプリのメニューが表示された

❷ [Appを削除]を**タップ**

2 アプリをホーム画面から取り除く

[ホーム画面から取り除く]を**タップ**

表示が異なるときは、[Appライブラリへの移動] をタップする

3 アプリがAppライブラリに移動した

[YouTube] のアプリがホーム画面から削除された

次のページに続く→

1 基本

2 設定

3 電話

4 メール

5 ネット

6 アプリ

7 写真

8 便利

9 疑問

ホーム画面のアプリの削除

1 削除するアプリを選択する

ワザ006を参考に、ホーム画面を
切り替えておく

❶削除するアプリを**ロングタッチ**

アプリのメニューが表示された

❷[Appを削除]を**タップ**

2 アプリを削除する

アプリの削除の確認画面が
表示された

❶[Appを削除]を**タップ**

❷[削除]を**タップ**

アプリが削除される

HINT **アプリ固有のデータも削除される**

アプリを削除すると、アプリの設定やデータも削除されてしまうことがあり
ます。そのアプリをもう一度、インストールするときは、アプリを再設定し
たり、ゲームを最初からプレイし直す必要があります。

まめ知識 Appライブラリのアプリもロングタッチすることで場所を編集できます。

Appライブラリのアプリの削除

1 削除するアプリを選択する

ワザ007参考に、Appライブラリを
表示しておく

ここでは151ページでホーム画面か
ら移動した [YouTube] のアプリを
削除する

削除するアプリを**ロングタッチ**

2 アプリを削除する

❶ [Appを削除]を**タップ**

[ホーム画面に追加]をタップすると、
ホーム画面にアプリアイコンが表示
される

削除できないアプリは [Appを削除]
のメニューが表示されない

❷ [削除]を**タップ**

アプリが削除される

右端縦書き目次：
1 基本
2 設定
3 電話
4 メール
5 ネット
6 アプリ
7 写真
8 便利
9 疑問

HINT アプリを消去すると本体容量が節約できる

Appライブラリは使用頻度の低いアプリをしまっておくための場所です。まっ
たく使わないアプリでもAppライブラリにあれば、ストレージを消費してし
まうので、使わないアプリは思い切って削除して、少しでも本体ストレージ
の空き容量を増やすといいでしょう。

次のページに続く→

HINT Appライブラリをアプリ名で一覧表示できる

Appライブラリから目的のアプリを探すときは、検索機能を使うと便利です。アプリの名前で検索できるのはもちろんですが、検索ボックスをタップすることでアプリを名前順に一覧表示することができます。右側の頭文字をタップして、目的のアプリを探すこともできます。

Appライブラリの検索ボックスをタップすると、アプリの一覧が表示される

HINT Appライブラリのフォルダー内を一覧表示できる

Appライブラリのフォルダーに5個以上のアプリが登録されているときは、右下のアイコンが小さなアイコンで表示されます。この小さなアイコンをタップすることで、すべてのアプリを表示できます。

フォルダー内のここを**タップ**

アイコン一覧が表示された

057

マップ

マップの基本操作を知ろう

旅行や待ち合わせなど、外出するときに便利な地図アプリを活用しましょう。iPhoneには［マップ］が搭載されているので、すぐに地図を表示できます。まずは、現在地の表示方法などの基本操作を覚えておきましょう。

1 基本
2 設定
3 電話
4 メール
5 ネット
6 アプリ
7 写真
8 便利
9 疑問

1 ［マップ］を起動する

［マップ］を**タップ**

［マップの新機能］の画面が表示されたときは、［続ける］をタップする

位置情報の利用に関する確認画面が表示されたときは、［Appの使用中は許可］をタップする

［マップ］の改善に関する画面が表示されたときは、［許可］をタップする

2 現在地を表示する

［マップ］が起動した

ここを**タップ**

検索バーのここを下にスワイプすると、画面下部に縮小される

HINT 位置情報の精度って何？

iPhoneのWi-Fi（無線LAN）がオフのときは、［位置情報の精度］の確認が表示されることがあります。GPS信号が届きにくい場所でもWi-Fiアクセスポイントの情報を使って、精度を高められるので、［設定］をタップして、Wi-Fiをオンにしましょう。

次のページに続く→

3　向いている方向を上に表示する

地図が拡大され、現在地が青い点で表示された

ここをタップ

見たい場所をダブルタップすると、拡大表示される

4　向いている方向が上に表示された

ドラッグ操作で位置の変更、ピンチの操作で拡大と縮小ができる

ここをタップすると、北が上に表示される

HINT　現在地をすばやく表示できる

現在地の地図を表示したいときは、画面右上のコンパスのアイコン（◁）をタップすると、すばやく表示できます。はじめて現在地を表示したとき、［調整］の画面が表示されることがあります。画面の指示に従って、画面の赤い丸が円に沿って転がるようにiPhone本体を動かしましょう。

HINT　路線図や航空写真も表示できる

［マップ］では標準の［詳細マップ］のほかに、［ドライブ］や［交通機関］［航空写真］という方法で地図を表示できます。道路や渋滞情報を見たいときは［ドライブ］を、電車の路線図などを中心に表示したいときは［交通機関］を、建物や地形を上空からの俯瞰（ふかん）写真で見たいときには［航空写真］を選びましょう。

手順3の画面右上の 🗺 をタップする

地図の表示方法を変更できる

058

マップ

マップ

ルートを検索するには

［マップ］で見たい場所の地図を表示してみましょう。住所や施設名で検索することで、候補から、その場所の地図を表示できます。電車や車を使った目的地までの経路も検索できるので、外出時に便利です。

1 基本
2 設定
3 電話
4 メール
5 ネット
6 アプリ
7 写真
8 便利
9 疑問

電車を使う経路の検索

1 目的地の入力画面を表示する

ワザ057を参考に、［マップ］を起動しておく

検索フィールドを**タップ**

2 目的地を検索する

目的地が検索できるようになった

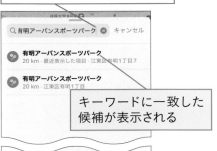

❶目的地のキーワードを**入力**

キーワードに一致した候補が表示される

❷［検索］を**タップ**

HINT どんなキーワードで検索できるの？

住所や施設名のほか、会社名、店名などでも検索が可能です。また、「コンビニ」「カフェ」といった一般的な名称を入力したときは、現在地の近くにあるスポットが表示されます。

次のページに続く→

3 経路を表示する

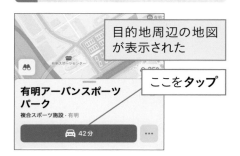

目的地周辺の地図が表示された

ここを**タップ**

目的地の候補が複数あるときは、画面下に候補が表示される

HINT 好きな場所にピンを表示できる

地図上で任意の場所をロングタッチすると、下の画面のようにピンを追加できます。ピンを追加した場所は、手順1の画面で画面下の部分を上にスワイプすることで、［履歴］に［ドロップされたピン］として表示されます。また、下の画面で … をタップし、［よく使う項目に追加］をタップすると、［よく使う項目］からすばやく表示できるようになります。

目的地をロングタッチすると、ピンを表示できる

4 電車での経路が表示された

❶ ［電車］のアイコンを**タップ**

❷ ［目的地:○○］を上に**スワイプ**

［ウォレット］の説明が表示がされたときは、ここをタップする

5 ほかの経路を選択する

そのほかの経路が表示された

利用する経路を**タップ**

1 基本

2 設定

3 電話

4 メール

5 ネット

6 アプリ

7 写真

8 便利

9 疑問

6 選択した経路の詳細を表示する

ほかの経路が表示された

利用する経路を**タップ**

目的地: 有明アーバンスポーツ…　×

出発地 現在地 今すぐ出発

14:00 着
1時間 19分・12:41 までに出発・¥731

出発

14:08 着
1時間 23分・12:45 までに出発・¥831

7 経路の詳細を確認する

選択した経路の詳細が表示された

[完了] をタップすると、手順
6の画面に戻る

HINT　Googleマップも利用できる

地図はGoogleが提供している「Googleマップ」もアプリをダウンロードすれ
ば、iPhoneで利用できます。Gmailなど、すでにGoogleのサービスを活用
しているときは、パソコンなどと情報を連携できるので便利です。

HINT　路線検索には専用のアプリを使おう

路線検索には「乗換NAVITIME」など専用のアプリを利用することもできま
す。App Storeで「乗り換え」などで検索してみましょう。一部、有料のサー
ビスもありますが、「特急」や「急行」などの列車の種別を指定して検索でき
たり、駅構内の乗り換えルートを表示したりと、より高度な機能が使えます。

次のページに続く→

自動車を使う経路の検索と案内の実行

1 自動車を使う経路を検索する

158ページの手順4を参考に、経路の検索結果を表示しておく

[車]のアイコンを**タップ**

目的地: 有明アーバンスポーツ…

出発地 現在地 今すぐ出発

14:08 着
1時間 14 分・12:54 までに出発・¥731

出発

2 経路を選択する

[目的地:○○]を上にスワイプすると、ほかの経路が表示される

[出発]をタップすると、ナビが開始される

目的地: 有明アーバンスポーツ…

出発地 現在地 今すぐ出発

43分
29 km・一番早い経路
通行料金の支払いが必要
経路案内は目的地に最も近い道路で終了します

出発

47分
30 km

利用する経路を**タップ**

3 経路の詳細が表示された

[完了]をタップすると、手順2の画面に戻る

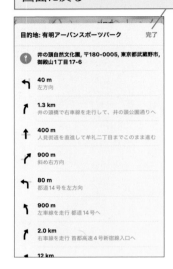

目的地: 有明アーバンスポーツパーク　　完了

井の頭自然文化園、〒180-0005、東京都武蔵野市、御殿山1丁目17-6

40 m
左方向

1.3 km
井の頭橋で右車線を走行して、井の頭公園通りへ

400 m
人見街道を直進して牟礼二丁目までこのまま進む

900 m
斜め右方向

80 m
都道14号を左方向

900 m
左車線を走行 都道14号へ

2.0 km
右車線を走行 首都高速4号新宿線入口へ

12 km

HINT 自動車で使うときのコツは？

自動車で使うときは、途中でiPhoneのバッテリーが切れないように、車載のUSBポートなどから充電できるようにしておくと便利です。ダッシュボードなどに固定できるホルダーなどと併用するといいでしょう。ちなみに、ナビで案内中は、画面の自動ロック（ワザ080）の設定にかかわらず、一定時間、操作しなくても途中で画面が消えてしまうことはありません。ただし、くれぐれも安全運転を心がけてください。

●まめ知識　「東京駅」で検索して［Look Around］をタップすると、360度を写真で見回せます。

059

予定を登録するには

友だちと会う約束や大切な用事など、日々のスケジュールをiPhoneで管理してみましょう。予定の日時や場所を簡単に登録できるうえ、表示方法を切り替えて、1日の予定や月の予定などを手軽に確認できます。

1 [カレンダー]を起動する

[カレンダー]を**タップ**

[“カレンダー”の新機能］の画面が表示されたときは、［続ける］をタップする

位置情報の利用に関する確認画面が表示されたときは、［Appの使用中は許可]をタップする

2 イベントを追加する

ここを**タップ**

HINT くり返しのイベントも登録できる

登録するイベントが定期的な会議などのときは、くり返しの設定ができます。次ページの手順4の画面で［繰り返し]をタップし、［毎日］［毎週]など、くり返しの条件を設定すれば、以後、自動的にイベントが登録されます。

次のページに続く →

1 基本
2 設定
3 電話
4 メール
5 ネット
6 アプリ
7 写真
8 便利
9 疑問

3 イベントのタイトルと場所、開始日時を入力する

❶タイトルを**入力**　❷場所を**入力**

ここでは9月30日12：00からに設定する

❸[開始]の日付を**タップ**

[終日]のここをタップすると、終日のイベントにできる

❹カレンダーをタップして日付を設定

❺[開始]の時刻を**タップ**

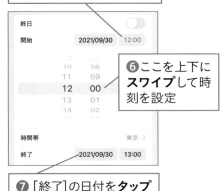

❻ここを上下に**スワイプ**して時刻を設定

❼[終了]の日付を**タップ**

4 イベントの入力を完了する

手順4を参考に、終了日時を設定する　[追加]を**タップ**

5 カレンダーを月表示に切り替える

イベントを追加できた

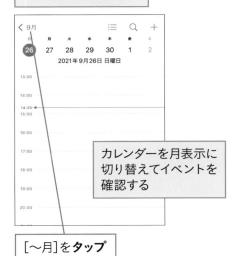

カレンダーを月表示に切り替えてイベントを確認する

[〜月]を**タップ**

●まめ知識　手順3の画面で予定の時刻をタップすると、テンキーで数字を入力することもできます。

ウィジェットから簡単に予定を確認できる

次の予定をすばやく確認したいときは、ワザ055を参考にホーム画面に[カレンダー]のウィジェットを配置しましょう。登録されている予定をホーム画面ですぐに確認できます。また、ウィジェットをタップすることで［カレンダー］のアプリを起動できるので、予定の登録なども簡単です。

ワザ055を参考に、ウィジェットをホーム画面に追加しておく

1 基本

2 設定

3 電話

4 メール

5 ネット

6 アプリ

7 写真

8 便利

9 疑問

---

6 イベントの内容を表示する

イベントのある日付には ● が表示される

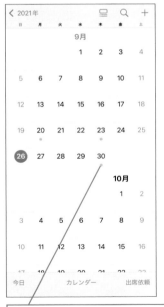

イベントのある日付を**タップ**

---

7 イベントを確認する

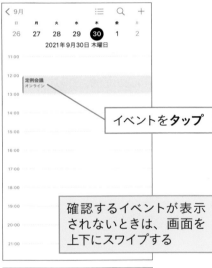

イベントを**タップ**

確認するイベントが表示されないときは、画面を上下にスワイプする

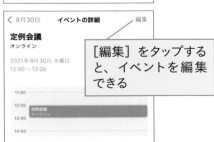

［編集］をタップすると、イベントを編集できる

次のページに続く⟶

スケジュールの管理にGoogleカレンダーを使っているときは、iPhoneとGoogleカレンダーのデータを同期すると便利です。iPhoneにGoogleアカウントを登録すると、以下のように選択されたGoogleのサービスの情報を同期できます。なお、GmailやGoogleカレンダーは、Googleが提供するiOS用のアプリをダウンロードして利用できます。パソコンなどでもGoogleのサービスを頻繁に使うときは、Googleのアプリを使うといいでしょう。

1 **Gmailのアカウントを表示する**

ワザ017を参考に、［設定］の画面を表示し、［カレンダー］ – ［アカウント］ – ［アカウントを追加］をタップし、Googleアカウントを追加しておく

Gmailのアカウントを**タップ**

2 **Googleカレンダーを有効にする**

［カレンダー］がオンになっていることを**確認**

第6章　アプリを活用しよう

060

音楽

ミュージック

Apple Musicを楽しむには

Apple Musicは毎月一定額の料金を支払うことで、さまざまなジャンルから集められた膨大な数の曲が聴き放題になるサービスです。最初の3カ月間は無料で利用できるので、試してみましょう。

1 基本

2 設定

3 電話

4 メール

5 ネット

6 アプリ

7 写真

8 便利

9 疑問

1 [ミュージック]を起動する

ワザ050を参考に、Apple IDへ金額をチャージしておく

[ミュージック]を**タップ**

2 Apple Musicの登録を開始する

Apple Musicの説明画面が表示された

[無料で開始]を**タップ**

説明画面が表示されないときは、画面下の[今すぐ聴く]をタップして、[今すぐ開始]をタップする

HINT Apple Musicの料金プランについて

Apple Musicには月額980円、もしくは年額9,800円の「個人」、月額1,480円の「ファミリー（最大6人で利用可能）」、月額480円の「学生」のプランがあります。いずれのプランも無料期間の3カ月以内に自動更新を停止すれば、料金はかかりません。また、Apple Music、Apple TV+、Apple Arcade、iCloudをまとめて利用できるApple One（個人月額1,100円）というサービスもあります。

次のページに続く——→

3 Apple Musicを開始する

最初の3カ月は課金されない

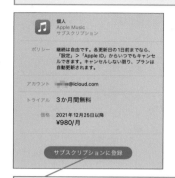

[サブスクリプションに登録] を
タップ

サインインを求められたときは、
Apple IDのパスワードを入力して、
[サインイン]をタップする

4 お気に入りのジャンルを選択する

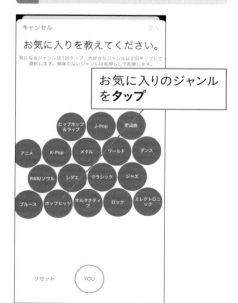

お気に入りのジャンル
を**タップ**

5 お気に入りのジャンルの選択を続ける

❶ お気に入り
のジャンルを
タップ

特にお気に入り
のジャンルは2回
タップする

興味のないジャンルはロング
タッチすると、消える

❷ [次へ]を**タップ**

6 好きなアーティストを選択する

①お気に入りのアーティストを**タップ**

②[完了]を**タップ**

7 Apple Musicが利用できるようになった

Apple Musicが有効になり、好きな曲を選択して再生できるようになった

Apple Musicの説明画面が表示されたら、[今はしない]または[今すぐ始めよう]をタップする

1 基本

2 設定

3 電話

4 メール

5 ネット

6 アプリ

7 写真

8 便利

9 疑問

HINT Apple Musicで曲を探すには

Apple Musicでは[ミュージック]の下のボタンを使って、さまざまな曲を楽しめます。各ボタンの役割を覚えておきましょう。

❶ 今すぐ聴く

設定時に選んだアーティスト情報から自動的にリストアップされた曲などをすぐに再生できる

❷ 見つける

アーティストごとのプレイリストや新着ミュージック、デイリートップ100などから曲を探せる

❸ ラジオ

ヒットチャートやジャンル別ステーションなど、好みのジャンルの曲をラジオのように楽しめる

061

音楽

ミュージック

iPhoneで曲を再生するには

［ミュージック］のアプリで曲を再生してみましょう。ここではApple Musicの曲をストリーミングで再生する方法と、インターネットに接続できない状況でも聞けるようにダウンロードして再生する方法を説明します。

第6章 アプリを活用しよう

曲の再生

1 曲を選択する

ワザ060を参考に、［ミュージック］を起動し、［今すぐ聴く］の画面を表示しておく

ここでは［ピックアップ］に表示された曲を再生する

［ピックアップ］のアルバムを**タップ**

2 曲を再生する

アルバムの再生画面が表示された

［再生］を**タップ**

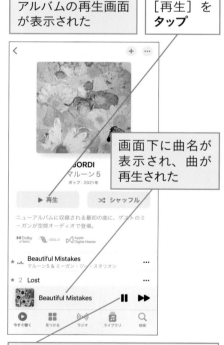

画面下に曲名が表示され、曲が再生された

ここをタップすると、曲が一時停止する

画面下の曲名をタップすると、171ページの再生画面が表示される

●まめ知識　Apple CarPlayに対応したカーオーディオがあれば、車内でApple Musicを楽しめます。

曲のダウンロード

1 基本

2 設定

3 電話

4 メール

5 ネット

6 アプリ

7 写真

8 便利

9 疑問

1 曲をライブラリに追加する

ここでは前ページで再生した曲を
ダウンロードする

ここを**タップ**

HINT 音楽を聴きながらでも ほかの操作ができる

音楽の再生中は他のアプリも利
用できます。再生操作をしたいと
きは、172ページを参考に、コ
ントロールセンターを使いましょ
う。なお、再生中に着信があると、
再生が中断され、着信音が鳴り
ます。通話中は再生が中断され、
終了すると、自動的に音楽再生
が再開されます。

2 曲をiPhoneにダウンロードする

[ライブラリに追加されました] と表
示され、アイコンの形が変わった

ここを**タップ**

[ドルビーアトモスのダウンロードを
オンにしますか?] の画面が表示さ
れたときは、[今はしない]をタップ
する

曲がダウンロードされ、アイコン
の形が変わった

[ライブラリ]をタップすると、次ペー
ジの [ライブラリ]画面が表示される

次のページに続く→

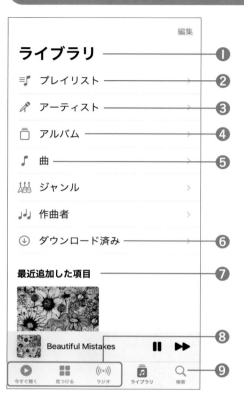

❶ライブラリ
曲の一覧が表示される

❷プレイリスト
プレイリストごとに曲を表示する

❸アーティスト
アーティストごとに項目が表示される

❹アルバム
アルバムごとに項目が表示される

❺曲
曲ごとに項目が表示される

❻ダウンロード済み
iPhoneにダウンロードしてある曲のみ表示される

❼最近追加した項目
最近追加した項目が表示される

❽Apple Music
Apple Music（ワザ060）を登録すると、定額聴き放題が利用できる

❾検索
曲を検索できる

HINT　イヤホンで音楽を楽しむには

iPhoneには一般的な3.5mmのイヤホンマイク端子が備えられていません。そのため、イヤホンで音楽を楽しみたいときは、Lightning端子に接続可能な市販のイヤホンマイクを購入するか、別売りの「Lightning - 3.5mmヘッドフォンジャックアダプタ」を使い、一般的な3.5mmのイヤホンマイク端子のイヤホンを接続します。また、別売りのワイヤレスイヤホン「AirPods」や「AirPods Pro」、あるいは市販のBluetooth接続のイヤホンを利用すれば、ワイヤレスで音楽を楽しめます。Bluetooth機器の接続方法については、ワザ092を参照してください。

　●まめ知識　Siri（ワザ088）に「この曲何?」と話しかけて曲を聴かせると、曲名がわかります。

［ミュージック］の再生画面の構成

❶再生ヘッド
再生位置を変更できる

❷メニュー
曲の共有や削除、プレイリストへの
追加などの操作メニューを表示でき
る

❸前へ／早戻し
前の曲を再生する。ロングタッチで
早戻し（巻き戻し）ができる

❹再生／一時停止
曲の再生や一時停止ができる

❺次へ／早送り
次の曲を再生する。ロングタッチで
早送りができる

❻音量
音量を調整できる

❼再生中の曲の歌詞が表示される。
歌詞が表示されない曲もある

❽ ［次に再生］の画面が表示される

次のページに続く──➤

1 基本

2 設定

3 電話

4 メール

5 ネット

6 アプリ

7 写真

8 便利

9 疑問

コントロールセンターでの再生操作

再生中に画面右上から下にスワイプして、コントロールセンター（ワザ011）を表示すると、ほかのアプリを使っているときでも再生操作ができます。また、曲名をロングタッチすると、再生位置の指定などもできます。

ここを**ロングタッチ**

❶現在再生中の曲
曲名をタップすると、［ミュージック］が起動する

❷再生ヘッド
再生位置を変更できる

❸前ページと同様の操作で、再生をコントロールできる

❹音量
音量を調整できる

HINT ほかの機器で音楽を再生できる

Bluetooth機器やApple TVを使っているときは、再生画面の下部中央やコントロールセンターの曲名の右上にあるアイコン（🔊）をタップすると、再生先を切り替えられます。

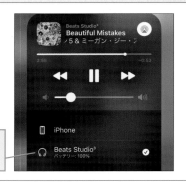

機器を選択して、曲を再生できる

062

Apple TV+

Apple TV+で映像作品を
楽しむには

Apple TV+

iPhoneで映像作品を楽しんでみましょう。「Apple TV+」を利用するとAppleが
制作したオリジナルドラマなどを楽しめます。無料で楽しむこともできますが、
本格的な利用には月額600円の契約が必要です。

1 Apple TV+のオリジナル作品を表示する

ワザ050を参考に、iTunes Storeにサインインしておく

必要に応じて、ワザ017を参考にWi-Fi（無線LAN）に接続しておく

❶ [TV]（Apple TV+）を**タップ**

[ようこそApple TVへ]の画面が表示されたときは、[続ける]をタップする

❷ [Original]を**タップ**

2 映像作品を視聴する

[Original]の画面が表示された

無料で観られるタイトルをタップすると、映像作品が再生できる

[3か月無料で体験する]をタップすると、サブスクリプションの登録が開始される

1 基本
2 設定
3 電話
4 メール
5 ネット
6 アプリ
7 写真
8 便利
9 疑問

設定

定額サービスを確認するには

App Storeで提供されるアプリには、毎月一定額を支払い、継続して利用する「サブスクリプション」サービスがあります。Apple IDで契約しているサブスクリプションサービスを確認してみましょう。同じ画面で解約もできます。

第6章 アプリを活用しよう

1 [サブスクリプション]の画面を表示する

ワザ020を参考に、Apple IDの画面を表示しておく

[サブスクリプション]を**タップ**

2 契約状況を確認したいサービスを選択する

[サブスクリプション]の画面が表示された

確認したいサービスを**タップ**

3 解約を実行する

❶ [〜をキャンセルする] を**タップ**

❷ [確認] を**タップ**

❸ [戻る]を**タップ**

料金が請求されなくなる

●まめ知識 専門のスタッフが選曲している通好みなプレイリストも Apple Musicの特徴です。

064

App Store

アプリをもっと活用しよう

iPhoneに標準で搭載されているアプリには、ほかのワザで手順を説明していない便利なアプリが数多くあります。いろいろなアプリを活用して、もっとiPhoneを楽しんでみましょう。

アラームやストップウォッチも便利

Apple

時計

無料

時間に関するいろいろな機能を使えるアプリ。世界の時刻を調べたり、指定した時間にアラームを鳴らしたり、就寝時間と起床時間を管理したり、ストップウォッチで時間を計測したり、タイマーで一定時間をカウントダウンすることができる。アラームでは、曜日ごとに時刻を設定することなども可能。

複数アプリの操作を1回の操作で行なえる

Apple

ショートカット

無料

さまざまなアプリの機能を組み合わせた一連の動作を登録しておくことで、1タップで一連の動作を実行できるアプリ。たとえば、「写真を撮る」「メールを送信」という操作を並べ、送信先などを設定することで、「写真を撮って送る」という一連の操作を実行できる。作成済みのショートカットをギャラリーから入手することもできる。

1
基本

2
設定

3
電話

4
メール

5
ネット

6
アプリ

7
写真

8
便利

9
疑問

海外旅行の通訳として活用しよう

Apple

翻訳

無料

文字で入力した文章やiPhoneに向かって話した言葉を自動的に翻訳してくれるアプリ。翻訳結果を音声で再生することができるので、iPhoneを通訳代わりに活用できる。英語はもちろんのこと、アラビア語、スペイン語、ロシア語、中国語などにも対応している。また、あらかじめ言語をダウンロードしておくことで、オフラインでも利用できる。

iPhoneがボイスレコーダーに！

Apple

ボイスメモ

無料

iPhoneのマイクを使って、周囲の音を録音できるボイスレコーダーアプリ。iCloudとの同期ができるようになり、iPhoneで録音した音声を他の機器でも共有できるようになった。また、［設定］からSiriとの連携や自動削除の日数、オーディオの品質などの設定ができるようになった。会議の録音などに便利。

待ち合わせ場所やなくした iPhoneの場所を表示

Apple

探す

無料

iPhoneを使っている友だちの居場所を地図で表示できるアプリ。相手が許可した場合のみ、地図に表示されるので、待ち合わせなどに便利。また、Apple IDに関連付けされているiPhoneやiPad、Mac、AirTagを付けた持ち物の場所を地図に表示することもできる。音を鳴らしたり、データを削除したりできるのでiPhoneをなくしたときに役に立つ。

●まめ知識　［Podcast］では配信されたポッドキャストの再生時に再生速度を変えられます。

物の長さや面積、水平を計れる
Apple

計測 　無料

カメラで長さや面積、水平度を計測できるアプリ。画面上で2点を指定することで長さが表示されたり、四角い範囲の面積を自動的に表示したりできる。

小さな文字を拡大して見やすく
Apple

拡大鏡 　無料

カメラを使って文字などを拡大できるアプリ。カラーフィルタで特定の色を見やすくしたり、明るさを自動的に調整したりすることもできる。

購入した本やPDFを読める
Apple

ブック 　無料

Apple Booksから購入した電子書籍を読むことができるアプリ。メールやWebページからPDFファイルを保存して、後で表示することもできる。

自宅や外出先の天気をチェック
Apple

天気 　無料

現在地の天気や気温、週間天気予報などがわかるアプリ。複数の地点を登録できるので、会社や学校などの天気を確認したいときにも便利。

日々のタスク管理に役立てよう
Apple

リマインダー 　無料

日々のタスクを管理できるアプリ。忘れてはいけないこと、やらなければならないことなどを登録し、日時や場所を指定して通知を表示できる。

移動中の息抜きや勉強に活用しよう
Apple

Podcast 　無料

ラジオ番組や語学番組など、さまざまな音声コンテンツを楽しめるアプリ。定期的に配信されている番組を購読することができる。

1 基本

2 設定

3 電話

4 メール

5 ネット

6 アプリ

7 写真

8 便利

9 疑問

ホームオートメーションを実現！
Apple

ホーム 　無料

HomeKitに対応した照明やセンサーユニット（気温や湿度などを検知する機器）と連携して、iPhoneからの操作で家電をコントロールできる。

気になる銘柄の株価をすぐにチェック！
Apple

株価 　無料

国内外さまざまな企業の株価をチェックできるアプリ。グラフによる株価の推移に加え、登録した企業の最新ニュースなども確認できる。

方位や高度がわかる
Apple

コンパス 　無料

iPhoneに内蔵されたセンサーを使って、方位や緯度経度を表示できるアプリ。現在地の都道府県や高度なども表示される。

シンプルだが高機能な電卓アプリ
Apple

計算機 　無料

横向きにすると、関数計算もできる電卓アプリ。計算結果の部分をロングタッチすると、結果をコピーできる。コントロールセンターからも起動できる。

新機能や便利な使い方を教えてくれる
Apple

ヒント 　無料

届いたメッセージにすばやく応答する方法やタイマー撮影で自分撮りをする方法など、iPhoneの新機能や便利な使い方を教えてくれるアプリ。

iPhoneで手軽に健康管理
Apple

ヘルスケア 　無料

体重や血圧などの測定結果やiPhoneで計測した歩数などの健康データを管理できるアプリ。Apple Watchや対応した活動量計とも連携できる。

HINT 無料アプリをインストールしよう

ここで説明したアプリ以外にも仕事や趣味に役立つアップルの無料アプリをダウンロードすることができます。これらのアプリを使いたいときは、App Storeで「Apple」をキーワードにアプリを検索して、必要なものをインストールしましょう。もちろん、各アプリの名前で個別に検索して、インストールすることもできます。

アップルの無料アプリをダウンロードできる

- Appleサポート

サポート情報の検索や、サポートへのチャットや電話相談ができる

- Apple Store

最新のApple製品やアクセサリを購入できる

- iMovie

多彩なタイトルや効果を使った動画の編集ができる

- iTunes Remote

Macのミュージックなどを遠隔操作して音楽を再生できる

- Camera Remote

Apple WatchからiPhoneのカメラを遠隔操作して撮影できる

- GarageBand

楽器を演奏したり、DJスタイルで楽曲を制作したりできる

- Numbers

Excelのような表やグラフなどを作成できる

- Reality Composer

カメラを使ってAR（拡張現実）をコンテンツを作成できる

- Keynote

会議などで使うプレゼンテーション資料を作成できる

- Pages

文書を作成できるワープロアプリ。多彩な文書を作成できる

- Clips

自分撮りビデオに多彩な効果を加えたオリジナルクリップを作れる

- Texas Hold'em

アップル製のクラシックゲームの復刻版。カードゲームを楽しめる

- Classic Mac

メッセージアプリなどで古いMacのステッカーを使える

1 基本
2 設定
3 電話
4 メール
5 ネット
6 アプリ
7 写真
8 便利
9 疑問

インストールして損なし！
定番無料アプリ10選

iPhoneの購入後にインストールしておきたい無料アプリをピックアップ。iPhoneをもっと便利に活用しましょう。

Facebook
Facebook, Inc.

SNSの「Facebook」で友だちの近況をチェックしたり、自分の近況を投稿したりできるアプリ。別アプリのMessengerもオススメ

Instagram
Instagram, Inc.

写真を使ったコミュニケーションを楽しめるSNS「Instagram」用アプリ。著名人の投稿した写真を見たり、自分の写真を投稿できる

Microsoft Excel
Microsoft Corporation

Excelで作成した文書を表示したり、編集したりできるアプリ。WordやPowerPointなどのアプリも同様に利用可能

ZOOM Cloud Meetings
Zoom

ビデオ会議からオンライン飲み会まで使えるコミュニケーションアプリ。多くの仲間と映像と音声で会話ができる

YouTube
Google, Inc.

世界中から投稿された動画を再生できるアプリ。マイリストを作成して、お気に入りのミュージックビデオを楽しむこともできる

Googleアプリ
Google, Inc.

音声検索を含むGoogleの検索機能やGmailなどが簡単に利用できるアプリ。Google Nowをオンにすれば、交通情報なども表示できる

LINE
LINE Corporation

楽しいスタンプやメッセージを手軽にやりとりできる定番のコミュニケーションツール。無料の音声通話も楽しめる

radiko
radiko Co.,Ltd.

国内で放送されるラジオを楽しめるアプリ。タイムフリーで過去1週間以内の放送も聴取可能。プレミアム会員は全国の放送を楽しめる

Yahoo!ニュース
Yahoo Japan Corp.

速報やエンタメ、スポーツなど、最新のニュースをチェックできるニュースアプリ。タップやスワイプで操作も簡単

クックパッド
COOKPAD Inc.

料理名や食材からレシピを検索できるアプリ。作り方の紹介だけでなく、実際に作った人のレポートも参考にできる

第7章

写真と動画を楽しもう

065

カメラ

写真を撮影するには

写真撮影は［カメラ］のアプリを使います。［カメラ］はロック画面やホーム画面などから複数の方法で起動できるので、覚えておくと、シャッターチャンスを逃しません。なお、［カメラ］の起動中は、左側面の音量ボタンでも撮影できます。

第7章　写真と動画を楽しもう

［カメラ］の起動

●ロック画面から起動

画面を左に**スワイプ**

画面右下のアイコンをロングタッチしてもカメラが起動する

●ホーム画面から起動

［カメラ］を**タップ**

HINT　コントロールセンターからも起動できる

コントロールセンター（ワザ011）からもすばやくカメラを起動できます。この方法はほかのアプリを起動しているときでもすぐに撮影ができるので便利です。

ここをタップすると、［カメラ］が起動する

　まめ知識　撮影時に画面をタップし、太陽のマークを上下にスワイプすると露出を変更できます。

1 カメラの設定を確認する

位置情報の利用に関する確認画面が表示されたときは、[Appの使用中は許可]をタップする

[フォトグラフスタイル]の画面が表示されたときは、[あとで設定]をタップする

ここではLive Photosをオフにしておく

Live Photosのアイコンを**タップ**

2 ピントと露出を合わせる

Live Photosのアイコンがオフになった

ピントと露出を合わせたい場所を**タップ**

HINT Live Photosって何？

Live Photosは静止画と動画を同時に撮る機能です。シャッターボタンを押した前後約3秒間の動画を撮影します。本体の空き容量を節約するため、このワザの手順ではオフにしています。ちなみに、オンのときには、シャッターボタンを押しても音が鳴らず、動画撮影終了時にピコという通知音のみが鳴ります。

3 撮影する

タップした場所にピントと露出が合った

シャッターボタンを**タップ**

写真が撮影される

1 基本

2 設定

3 電話

4 メール

5 ネット

6 アプリ

7 写真

8 便利

9 疑問

カメラ

ズームして撮影するには

iPhone 13/13 miniは広角と超広角の2つのレンズを備えます。iPhone 13 Pro/13 Pro Maxは広角、超広角、望遠の3つのレンズを備え、撮影対象に2センチメートルまで近づけるクローズアップ撮影（マクロ撮影）もできます。

第7章 写真と動画を楽しもう

1 超広角レンズに切り替える

ワザ065を参考に、[カメラ]を起動しておく

[0.5]を**タップ**

2 任意のズーム倍率を指定する

超広角レンズに切り替わり、[0.5x]と表示された

ここを**ロングタッチ**

3 ズーム倍率を指定して撮影する

ズーム倍率を示すダイヤルが表示された

❶ここを**ドラッグ**して、倍率を調整

❷シャッターボタンを**タップ**

●まめ知識　QRコードにカメラを向けると、自動的に読み取ります。通知をタップして、リンクを開きます。

067

いろいろな方法で 撮影するには

[カメラ] を起動した状態で、画面を上にスワイプすると、撮影モードが変えられます。ここでは縦横比を1:1の「スクエア」にして撮影する方法を説明しましたが、187ページで解説するように、ほかにもさまざまなモードが備わっています。

正方形の比率で撮影

1 撮影モードを切り替える

ワザ065を参考に、[カメラ] を起動しておく

画面を上に **スワイプ**

2 下段にアイコンが表示された

[4:3]を**タップ**

HINT 自分撮りをするには

背面側カメラと前面側カメラ（ワザ002）を切り替えると、自分撮り（いわゆる自撮り）ができます。ちなみに、前面側カメラにはズームや［パノラマ］モードがありません。

ここをタップすると、本体前面のカメラに切り替わる

1 基本

2 設定

3 電話

4 メール

5 ネット

6 アプリ

7 写真

8 便利

9 疑問

次のページに続く→

3 画面の縦横比の候補が表示された

ここでは正方形の比率で撮影する

[スクエア]を**タップ**

4 比率が正方形（1:1）になった

シャッターボタンを**タップ**

HINT 暗い場所ではナイトモードが利用できる

暗い場所では、明るめの写真が撮れるナイトモードが利用できます。この機能がオンになると、図のようなアイコンが自動的に表示されます。そのままシャッターボタンをタップすると、光を取り込む時間を自動的に調節して撮影します。このとき、本体を動かさないようにするのが上手に撮るコツです。なお、この機能を使わずに撮影するときは、シャッターボタン上に現れる［〜秒］のアイコンをタップして、目盛りを右にスワイプし、オフを選びます。

暗い場所ではナイトモードが自動的に起動し、明るく撮影できる

［カメラ］の画面構成

❶フラッシュ
フラッシュのオン／オフ／自動を切り替える

❷Live Photos
Live Photosのオン／オフを切り替える。オフのときはアイコンに斜線が表示される

❸ズームコントロール
ズームの倍率、レンズを切り替える

❹フォトグラフスタイル
写真の雰囲気を［リッチなコントラスト］［鮮やか］［暖かい］［冷たい］から選び、それぞれ好みに微調節できる

❺直前に撮影した写真や動画が表示される

❻シャッターボタン
写真の撮影や動画の撮影開始・終了時にタップする

❼縦横比
写真の縦横比を、スクエア（1：1）、4：3、16:9から選べる

❽露出
タップ後、ドラッグして露出を調整する

❾タイマー
シャッターボタンを押してから3秒、もしくは10秒後に撮影するタイマー撮影に切り替える

❿背面側カメラと前面側カメラを切り替える

1 基本

2 設定

3 電話

4 メール

5 ネット

6 アプリ

7 写真

8 便利

9 疑問

HINT　きれいな写真を手軽に撮るには

iPhoneで上手に写真を撮るコツは2つあります。まず、ワザ065で説明したように、被写体（写真を撮る対象）をタップして、ピントを合わせます。この操作により、iPhoneが明るさなどを調整します。ワザ066のズーム機能も便利ですが、その前に、自分自身が近づいたり、離れたりして、被写体との距離を決め、良い位置で撮影しましょう。これらを意識すると、構えてシャッターボタンを押しただけの写真より、上手に撮影できます。

カメラ

動きのすばやい被写体を撮るには

シャッターボタンを左にスワイプすると、バーストモード（連写）で撮影できます。動物や子どもなど動きの速い被写体におすすめです。また、集合写真の撮影のときは、複数枚のショットからお気に入りの1枚が選べます。

1 バーストモードで撮影する

ワザ065を参考に、［カメラ］を起動しておく

シャッターボタンを左に**スワイプ**

高速連写がはじまり、ここに連写した写真の枚数が表示される

2 バーストモードで撮影できた

シャッターボタンから**指を離す**

連写が終了する

HINT 自分撮りでも連写を使える

前面側カメラで自分撮りをするときも左にスワイプすると、連写ができます。

まめ知識　［設定］-［カメラ］で［音量を上げるボタンをバーストに使用］の設定も可能です。

3 高速連写した写真を表示する

ここでは続けて、連写した
写真を表示する

❶写真を**タップ**

[バースト] と表示され、連写した
枚数が表示された

❷ [選択]を**タップ**

4 気に入った写真のみを選択し、保存する

連写した写真が表示された

❶左右に**スワイプ**して、
好みの写真を表示

❷ここを**タップ**して、
チェックマークを付
ける

❸ [完了]
を**タップ**

❹ [〜枚のお気に入りのみ
残す]を**タップ**

選択した写真のみが保存される

[すべて残す]をタップすると、連写
したすべての写真が保存される

1 基本

2 設定

3 電話

4 メール

5 ネット

6 アプリ

7 写真

8 便利

9 疑問

美しいポートレートを撮るには

ポートレートとは肖像画や肖像写真のことです。［ポートレート］モードでは人物の背景をぼかした雰囲気のある写真が撮れます。撮影には場所選びが肝心です。次ページのHINTを参考に、良いボケ味が出る場所を探しましょう。

第7章　写真と動画を楽しもう

1 ［ポートレート］モードに切り替える

ワザ065を参考に、［カメラ］を起動しておく

画面を左に**スワイプ**

2 ［ポートレート］モードで撮影する

［ポートレート］の［自然光］に表示が変わった

シャッターボタンを**タップ**

HINT 自分撮りにも［ポートレート］を使える

iPhone 13シリーズは前面側のTrueDepthカメラにも［ポートレート］モードが備わっています。「自撮り」でも活用してみましょう。

●まめ知識　［ポートレート］モードの写真を編集（ワザ073）すると、背景効果の変更や削除ができます。

照明の効果を選択できる

[ポートレート] モードでは照明の効果（ポートレートライティング）を選ぶことができます。[スタジオ照明]では顔がやや明るめに、[輪郭強調照明] では顔のディテールが強調され、[ステージ照明][ステージ照明（モノ）] では顔にスポットライトが当たり、背景は暗くなります。新しく追加された [ハイキー照明（モノ）] では、背景が白くなり、人物が浮き上がったように撮影できます。照明効果の選択は、撮影後に [写真] のアプリからも行なえます。迷ったら、[自然光]で撮っておきましょう。

ここを左右にスワイプすると、照明の効果を変更できる

[ポートレート]モードに向いている場面は？

少しの工夫で、より [ポートレート] モードを生かした写真を撮ることができます。まず、[ポートレート] モードではズームが効かないので、被写体との距離感をつかむことが大切です。被写体ではなく、自分が動いて距離を調整します。背景選びもポイントです。前ページの例のように、背景が遠くまで見通せる「抜けた場所」など、背景が雰囲気よくボケる場所を選んでください。明るく、色味が豊かな背景を選ぶと、より印象的な写真に仕上がるはずです。

●効果が出にくい例

背景が壁だったり、暗い場所や色味がないところでは、[ポートレート]モードの効果が出にくい

1 基本

2 設定

3 電話

4 メール

5 ネット

6 アプリ

7 写真

8 便利

9 疑問

カメラ・撮影の基本

動画を撮影するには

iPhone 13シリーズは動画撮影が大幅に強化されました。映画などで使われる「ピント送り」が可能な［シネマティック］モードを備え、iPhone 13 Pro/13 Pro MaxはProResコーデックによる本格的な編集にも対応しました。

1 ［ビデオ］モードに切り替える

ワザ065を参考に、［カメラ］を起動しておく

❶画面を右に**スワイプ**

［ビデオ］と表示され、［ビデオ］モードに切り替わった

❷シャッターボタンを**タップ**

2 動画を撮影する

撮影中は赤く表示される

もう一度、タップすると、動画の撮影が終了する

ここをタップすると、静止画を保存できる

HINT 動画もズームして撮影できる

ズーム（ワザ066）は動画撮影でも使えます。また、［カメラ］の画面に指を当て、2本の指を広げたり（ピンチアウト）、狭めたり（ピンチイン）しても調整できます。ただし、この方法でのズームは画質が粗くなることがあります。

[シネマティック]モードで映画的な演出ができる 新機能

[カメラ]の画面を右にスワイプすると、[シネマティック]モードに切り替えられます。任意の撮影対象にピントを合わせりまわりをぼかしたりすることで映像に意味を持たせる「ピント送り」が可能になります。振り返る人物の目線の動きに応じて、後ろの対象物に自動的にピントを合わせたりできます。なお、任意の対象をタップすれば、手動でピントを合わせられます。撮影した動画は、編集時（ワザ074）にピント位置を後から調節することもできます。

特定の対象にピントを合わせてまわりをぼかすことで、映画的な効果が生まれる

HINT **[写真]モードのままですばやく動画を撮影できる**

[カメラ]を起動して、[写真]モードのままでシャッターボタンをロングタッチすると、タッチしている間だけ動画撮影ができます。連続して動画撮影をしたいときには、右の図を参考にシャッターボタンを錠前のアイコンまでドラッグすると、[ビデオ]モードの場合と同様に、連続して撮影ができます。ただし、注意したいのは画角です。[カメラ]の画角がそのまま適用されるので、基本的に縦横比は4:3になります。画角の変更は、ワザ067を参照してください。

[写真]モードでシャッターボタンをロングタッチしている間だけ、動画撮影ができる

タッチしながら、ここまでドラッグすると、指を離しても動画が撮影され続ける

1 基本
2 設定
3 電話
4 メール
5 ネット
6 アプリ
7 写真
8 便利
9 疑問

カメラ・撮影の基本

設定

撮影した場所を記録するには

位置情報サービスをオンにして、位置情報を取得できる場所で撮影すると、写真に位置情報（ジオタグ）が追加されます。後で写真を見たとき、撮影した場所を住所や地図で確認することができます。

第7章 写真と動画を楽しもう

1 [プライバシー]の画面を表示する

ワザ017を参考に、[設定]の画面を表示しておく

❶ 画面を下に**スクロール**

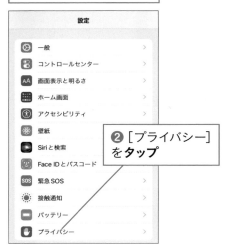

❷ [プライバシー]を**タップ**

HINT [カメラ]の初回起動時に設定できる

[カメラ]をはじめて起動したとき、位置情報サービスを利用するかどうかを設定する画面が表示されることがあります。[OK]をタップすると、位置情報サービスが有効になります。

2 位置情報サービスの設定を確認する

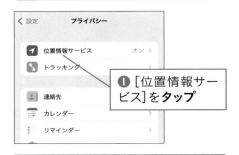

❶ [位置情報サービス]を**タップ**

❷ [位置情報サービス]がオン、[カメラ]が[使用中のみ]になっていることを**確認**

ここをタップすると、アプリの位置情報の利用をオフにできる

● まめ知識　[位置情報を共有]がオンの場合、自分の居場所をメッセージで相手に送れます。

写真・動画

写真

写真や動画を表示するには

写真や動画を見るには、［写真］のアプリを使います。iPhoneで撮影したものだけでなく、iCloudで同期したり、Webページからダウンロードした写真などの画像や動画も［写真］で見ることができます。

1 基本

2 設定

3 電話

4 メール

5 ネット

6 アプリ

7 写真

8 便利

9 疑問

写真を一覧から選んで表示

1 ［写真］を起動する

［写真］を**タップ**

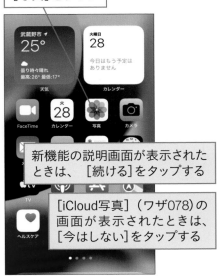

新機能の説明画面が表示されたときは、［続ける］をタップする

［iCloud写真］（ワザ078）の画面が表示されたときは、［今はしない］をタップする

2 一覧から写真を選んで表示する

表示が異なるときは、画面左下の［ライブラリ］をタップする

❶画面右下の［すべての写真］を**タップ**

❷表示する写真を**タップ**

HINT 写真はさまざまな分類で表示できる

［写真］では撮影した写真やWebページやメールから保存した画像を表示します。手順2の画面下段の［ライブラリ］は日付や撮影地別、［アルバム］は写真の形式や使用したアプリ別に写真を分類します。［For You］は写真を自動的にスライドショー動画にまとめたり、共有相手の提案を表示します。

次のページに続く→

3 写真が表示された

画面を左右にスワイプすると、前後の写真を表示できる

画面を上に **スワイプ**

4 写真についての情報が表示された

使用したカメラや撮影地などの詳細情報が表示された

ここをタップすると、一覧の画面に戻る

撮影日や撮影地ごとに写真を表示

1 撮影日と撮影地ごとに写真の一覧を表示する

前ページを参考に、[ライブラリ]の画面を表示しておく

[日別]を**タップ**

2 撮影月ごとに写真の一覧を表示する

撮影日と撮影地ごとに、写真がまとめて表示された

[月別]を**タップ**

3 撮影年ごとに写真の一覧を表示する

撮影月と撮影地ごとに、写真がまとめて表示された

2021年7月

2021年8月 >

千代田区
8月5日

[年別]を**タップ**

2021年9月 >

日曜日

年別　月別　日別　すべての写真

ライブラリ　For You　アルバム　検索

4 [For You]の画面を表示する

撮影年ごとに、写真がまとめて表示された

2020年

[For You]を
タップ

年別　月別　日別　すべての写真

ライブラリ　For You　アルバム　検索

5 [For You]の画面が表示された

旅行などのイベントごとに、iPhoneが自動でまとめた一覧や提案が表示された

For You

おすすめの写真

2021/04/07

共有の提案

9月26日
日曜日

ライブラリ　For You　アルバム　検索

HINT [メモリー] でスライドショー動画を見る

[For You] の画面にある [メモリー]は、撮った写真を撮影日や場所などから自動的に分類し、アルバムやスライドショー動画を作成してくれる機能です。動画を再生中に画面をタップすると、編集画面が表示されます。画面左下のアイコン（📤）をタップして [ビデオを保存] をタップすると、[写真] のアプリに動画として保存され、SNSなどに投稿もできるようになります。

1 基本
2 設定
3 電話
4 メール
5 ネット
6 アプリ
7 写真
8 便利
9 疑問

次のページに続く→

1 [アルバム]の画面で写真を種類ごとに表示する

195ページを参考に、[写真]のアプリを起動しておく

画面右下の[アルバム]を**タップ**

[アルバム]の画面が表示された

種類別にまとめられたアルバムごとに写真の一覧を表示できる

HINT [アルバム]では写真を種類別に確認できる

[アルバム]は[マイアルバム][共有アルバム][メディアタイプ]などに写真を分類します。[マイアルバム]では、TwitterやInstagramなど、利用したアプリごとに写真を分類します。[メディアタイプ]では、[ビデオ][セルフィー][スクリーンショット]などと写真や動画の形式別に分類されます。

HINT [ピープル]で人物写真を分類できる

[ピープル]のアルバムは顔認識機能を使って、写真を人物ごとに分類します。顔が写った写真を自動的に分類するほか、[人を追加]をタップすると、保存されているすべての顔写真から人物を追加することもできます。同一人物が別々に表示されているときには、それぞれを選択して[結合]をタップします。

写真

写真・動画

写真を編集するには

[写真] は写真を表示するだけでなく、多彩な編集機能も備えています。切り出し (トリミング) や回転、傾き補正、明るさ調整などを使い、写真を編集できます。写真を撮った後のひと技を知っておくと、重宝します。

1 基本
2 設定
3 電話
4 メール
5 ネット
6 アプリ
7 写真
8 便利
9 疑問

写真の編集画面を表示

1 写真の編集画面を表示する

ワザ072を参考に、編集する写真を表示しておく

[編集] を**タップ**

「この写真は補正できません」と表示されたときは、[複製して編集] をタップする

2 写真の編集画面が表示された

画面の上下に補正と加工の項目が表示された

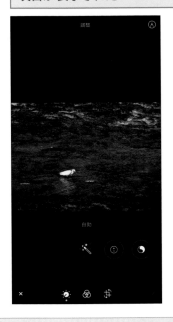

HINT 編集した写真はいつでも元の状態に戻せる

編集した写真は、もう一度、編集画面を表示させ、編集操作をやり直したり、取り消したりすることで、元の状態に戻すことができます。

次のページに続く→

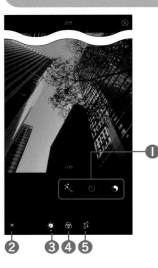

❶調整
写真を修整する機能。［自動］を選ぶと、iPhoneが最適な写真にする。左にスワイプすると、［露出］［ブリリアンス］［ハイライト］［シャドウ］［コントラスト］［明るさ］［ブラックポイント］［彩度］［自然な彩度］［暖かみ］［色合い］［シャープネス］［精細度］［ノイズ除去］［ビネット］などの調整項目が利用できる

❷キャンセル
✕をタップし、［変更内容を破棄］をタップすると、編集した作業をリセットし、元の写真に戻せる

❸調整
❶の調整項目を表示できる

❹フィルタ
写真の色合いを変更できるフィルタの一覧を表示できる

❺トリミング
不要な部分を除いて、写真を切り抜ける

第7章 写真と動画を楽しもう

写真のトリミング

1 トリミングの画面を表示する

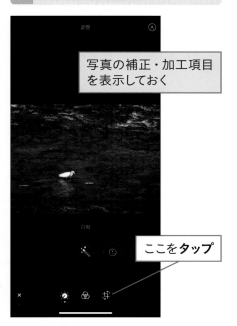

写真の補正・加工項目を表示しておく

ここを**タップ**

2 トリミングする範囲を選択する

四角形の枠線が表示された

枠の四隅を**ドラッグ**して、トリミングの範囲を選択

目盛りをスワイプすると、傾きを調整できる

●まめ知識　iPhoneではHEIF圧縮により、同じ画質の写真が半分のファイルサイズで保存されます。

トリミングの範囲を
選択できた

ここを**タップ**

写真が指定した範囲で
切り取られた

[編集]をタップして、[元に戻す]
をタップすると、元の状態に戻る

HINT 写真の傾きや比率を細かく調整できる

前ページの手順2でトリミングの画面を表示すると、以下のような設定項目
が表示され、画面の傾きや縦横比率も調整できます。

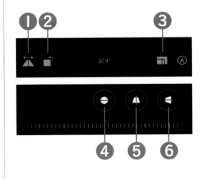

❶反転させる
写真の左右を反転さ
せる

❷回転させる
写真の向きを90度ず
つ回転させる

❸標準の比率にトリ
ミングする
スクエア、16:9、4:3な
どの比率に切り取る

❹傾き補正
±45度の範囲で写真
を左右に回転させる

❺縦方向
縦方向の傾きを調整
する

❻横方向
横方向の傾きを調整
する

1 基本

2 設定

3 電話

4 メール

5 ネット

6 アプリ

7 写真

8 便利

9 疑問

写真・動画

動画の前後をカットするには

[写真] のアプリでは、動画の前後の不要な部分をカットする編集もできます。iPhone 13シリーズのカメラで撮影した動画はもちろん、画面収録（133ページ）で記録した動画などを編集することも可能です。

第7章　写真と動画を楽しもう

1 動画を選択する

ワザ072を参考に、[写真] を起動しておく

編集する動画を**タップ**

2 編集画面を表示する

動画が再生された

[編集]を**タップ**

3 動画の前をカットする

編集画面が表示された

ここでは動画のはじめの不要部分をカットする

ここを右へ**ドラッグ**

●まめ知識　アップルの無料アプリ「iMovie」を利用すると、さらに高度な動画編集が可能です。

動画の選択範囲が黄色の枠で
囲まれた

ドラッグしながら、動画の
開始点を探す

開始点で**指を離す**

動画の開始点が指定できた

ここを左にドラッグすると、
動画の後ろをカットできる

❶ここを**タップ**

❷[ビデオを新規クリップとして保存]
を**タップ**

編集した動画が別の動画として
保存される

[ビデオを保存]をタップすると、
元の動画に上書き保存される

1 基本

2 設定

3 電話

4 メール

5 ネット

6 アプリ

7 写真

8 便利

9 疑問

HINT 画面の範囲や向きも編集できる

手順3の画面でクロップアイコン（🔄）をタップすると、画面上の不要な部
分をカットしたり、画面の傾きや縦向き／横向きを変えられます。

写真・動画

写真を共有するには

写真やビデオをメールやSNSなどを利用して、共有してみましょう。共有できるサービスがアイコンで表示されるので、簡単に共有することができます。複数の写真をまとめて共有することもできます。

1 写真の共有画面を表示する

ワザ072を参考に、共有する
写真を表示しておく

ここを**タップ**

2 写真の共有方法を選択する

ここでは［メール］で
写真を送信する

［メール］を**タップ**

HINT 写真をいろいろな方法で共有できる

手順2の画面ではメール以外に、［メッセージ］のアプリでiMessageなどに写真を添付したり、TwitterやFacebookでも写真を共有できます。

3 写真を送信する

写真を添付したメールの
作成画面が表示された

ワザ034を参考に、
メールを送信する

HINT 共有画面から多彩な機能が利用できる

前ページの手順2の画面で［スライドショー］を選ぶと、［写真］のアプリにある写真が音楽といっしょに自動表示されます。［アルバムに追加］を選ぶと、マイアルバム内の任意のフォルダに写真を登録したり、新規アルバムを作って、写真を整理できます。［非表示］は削除せずに、表示をオフにする機能です。ほかの人に見られたくない写真などを分類するのに便利です。

HINT 送信先のアプリを追加できる

前ページの手順2の画面でアプリのアイコン一覧を左にスワイプして、表示される［その他］をタップすると、写真を送れるアプリの一覧が表示されます。ここに表示されるのは、App Storeからダウンロードしたものを含む写真共有に対応するアプリです。この画面で右上の［編集］をタップし、［候補］にあるアプリの左の➕をタップすると、手順2の画面に優先的に表示されます。逆にアプリの右のスイッチをオフにすると、そのアプリは候補として表示されなくなります。

［その他］を**タップ**

写真を送れる
アプリの一覧
が表示された

---

1 基本
2 設定
3 電話
4 メール
5 ネット
6 アプリ
7 写真
8 便利
9 疑問

076

写真・動画

写真

近くのiPhoneに転送するには

iPhone、iPad、Macを持つ人が近くにいるときには、写真などをダイレクトに送れるAirDropが便利です。モバイルデータ通信を使わないので、動画などサイズの大きいファイルをやりとりしてもデータ通信量がかからず、経済的です。

第7章　写真と動画を楽しもう

1 写真の共有画面を表示する

ワザ072を参考に、共有する写真を表示しておく

ここを**タップ**

2 送信先を選択する

❶[AirDrop]を**タップ**

❷送信する相手を**タップ**

相手のiPhoneに共有の確認画面が表示される

HINT　複数のファイルを同時に送れる

手順2の画面で写真を左右にスワイプしてタップすると、複数の写真を選んで送信できます。また208ページの手順を参考に、写真の一覧から複数の写真を選択してから、画面左下のアイコン（⬆）をタップしても同様です。

　●まめ知識　AirDropで［すべての人］を選んでいても、データが勝手に送信されることはありません。

● 相手の画面

AirDropで写真を受信するかどう
かを確認する画面が表示された

[受け入れる]を**タップ**

写真がダウンロードされる

3 写真が送信できた

[送信済み]と表示された

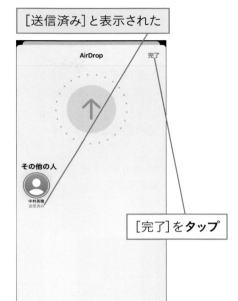

[完了]を**タップ**

HINT

AirDropを受信できるようにするには

AirDropを使うには、受信設定をオンにして、相手のiPhoneから自分の
iPhoneが検出できるようにしておく必要があります。このとき、[すべての
人]を選ぶと、電車の中や人混みでも他人のiPhoneに検出されてしまいます。
[受信しない]、もしくは[連絡先のみ]にしておき、必要なときに設定を変
えましょう。

ワザ011を参考に、コントロール
センターの通信設定の詳細画面
を表示しておく

[AirDrop]を**タップ**

ここをタップして、AirDropで
やりとりできる相手を選択する

1 基本

2 設定

3 電話

4 メール

5 ネット

6 アプリ

7 写真

8 便利

9 疑問

077

写真

写真・動画

写真や動画を削除するには

iPhoneの容量が足りなくなったら、不要な写真やビデオ（動画）を削除しましょう。特に、ビデオはサイズが大きいので、削除することで、容量の節約になります。残しておきたいものは、事前にバックアップしておきましょう。

第7章 写真と動画を楽しもう

1 写真の選択画面を表示する

ワザ072を参考に、［最近の項目］の画面を表示しておく

［選択］を**タップ**

2 写真を選択する

❶削除する写真を**タップ**して、チェックマークを付ける

スワイプして、連続した写真を選択することもできる

❷ここを**タップ**

HINT **写真をバックアップするには**

写真やビデオは、iCloud写真（ワザ078）をはじめ、Googleフォトや OneDriveなどのサービスでバックアップできます。またこれらのサービスを経由して、パソコンのハードディスクドライブに保存することもできます。

3 写真の削除を実行する

[〜枚の写真を削除]を**タップ**

選択した写真が削除される

1 基本

2 設定

3 電話

4 メール

5 ネット

6 アプリ

7 写真

8 便利

9 疑問

HINT **間違って削除した ときは**

削除した画像は［アルバム］の［最近削除した項目］に一時的に保存されます。本体の空き容量を増やしたいときには、ここからアイテムを選び、［削除］を実行すると、すぐに削除できます。そのままにしておくと、30日以内に自動的に削除されます。

HINT **写真を1枚ずつ削除してもいい**

このワザで解説している方法は、複数の写真をまとめて削除するときに適していますが、誤ってほかの写真もいっしょに削除してしまう恐れもあります。ワザ072を参考に、1枚の写真を表示した後、右下のごみ箱アイコンをタップして［写真を削除］をタップする方法なら、写真の内容を1枚ずつ確認しながら削除できます。

ワザ072を参考に、削除する写真を表示しておく

ここを**タップ**

078

データの保存

iCloudにデータを保存するには

設定

ワザ019、ワザ020でApple IDとiCloudの設定をしておくと、撮影した写真やビデオのデータは「iCloud写真」に自動で保管されます。ここではiPhoneの中にある古い写真の保存方法を確認しておきます。

第7章 写真と動画を楽しもう

1 [写真]の画面を表示する

ワザ017を参考に、[設定]の画面を表示しておく

❶画面を下にスクロール

❷[写真]をタップ

2 iCloud写真の設定を確認する

[iCloud写真]のここをタップすると、オン/オフを切り替えられる

[iPhoneのストレージを最適化]を選択すると、古い写真やビデオのオリジナルをiCloudに保管して、本体の空き容量を効率的に使える

HINT iCloud写真の保存容量は

iCloud写真は写真やビデオを5GBまでならば、無料で期間の制限なく、保存できます。50GB（月額130円）から2TB（月額1,300円）までの3段階で、追加容量を購入可能です（ワザ102）。なお、Apple Oneの個人プラン（月額1,100円）には50GB、ファミリープラン（月額1,850円）には200GBの保存容量が含まれます。

パソコンのWebブラウザー経由でも見られる

iCloud写真に保存した写真は、パソコンのWebブラウザーからiCloudにアクセスし、閲覧することができます。パソコンの画面で大きく表示したり、ダウンロードしてパソコンに保存したりできるので、便利です。

ワザ100を参考に、パソコンでiCloudのWebページにアクセスする

❶画面の指示に従って、2ファクタ認証の確認コードを**入力**

[このブラウザを信頼しますか?] と表示されたときは
[信頼する]をクリックする

❷[写真]を**クリック**

[iCloud写真]の画面が表示された

ここをクリックすると、パソコンにある写真を
アップロードできる

1 基本
2 設定
3 電話
4 メール
5 ネット
6 アプリ
7 写真
8 便利
9 疑問

COLUMN

カメラを構える場所で
人物の印象が変わる

自分撮りの際、ちょっとした工夫で、写真の印象が大きく変わります。下に示した写真は、iPhoneを顔の上に構えて撮ったときと、下から構えたときの違いです。同じ場所で撮っても、下から構えた写真は「上から目線」になってしまいます。ときには、威圧感がある雰囲気になる恐れもあるので、気をつけましょう。

同様のことは、FaceTimeなどのビデオ通話やZoomなどのオンラインミーティングにもあてはまります。カメラの位置は、自分の目の高さと同じか、少し上からのアングルにすると、「上から目線」になることを避けられます。

カメラの位置を顔より上にすると表情が良くなる

カメラを下に構えると「上から目線」の表情に……

第8章

iPhoneをもっと
使いやすくしよう

設定

壁紙を変更するには

ホーム画面とロック画面の背景に表示される壁紙を変更してみましょう。壁紙はあらかじめ用意されている画像だけでなく、自分で撮った写真も設定できます。また、ホーム画面とロック画面には別の壁紙が設定できます。

第8章 iPhoneをもっと使いやすくしよう

1 [壁紙]の画面を表示する

ワザ017を参考に、[設定]の画面を表示しておく

❶画面を下に**スクロール** ❷[壁紙]を**タップ**

設定

⚙️ 一般	>
📋 コントロールセンター	>
AA 画面表示と明るさ	>
🔲 ホーム画面	>
⚕️ アクセシビリティ	>
✳️ 壁紙	>
🔷 Siriと検索	>
🙂 Face IDとパスコード	>
SOS 緊急SOS	>
☀️ 接触通知	>
▭ バッテリー	>
✋ プライバシー	>
🅰️ App Store	>

2 壁紙の設定画面を表示する

[壁紙を選択]を**タップ**

HINT iPhoneで撮影した写真を壁紙にできる

手順3の上の画面で[すべての写真]を選ぶと、撮影した写真の一覧画面が表示されるので、設定したい写真をタップします。ピンチ操作（ワザ004）で写真を拡大し、一部だけを壁紙にすることもできます。

3 壁紙を選択する

ここではあらかじめ用意されて
いる画像を選択する

❶[静止画]を**タップ**

壁紙の一覧が
表示された

❷壁紙に設定す
る画像を**タップ**

4 壁紙を設定する

❶[設定]を**タップ**

ここではホーム画面に
壁紙を設定する

❷[ホーム画面に設定]を**タップ**

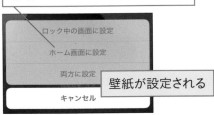

壁紙が設定される

HINT　目に優しい「ダークモード」も使える

手順2の画面で[ダークモードで壁紙を暗くする]をオンにすると、次ページ
の手順1の画面で[外観モード]を[ダーク]にしたとき、壁紙もやや暗く表
示されます。ダークモードの利用中はメニューなども黒地に白文字のように
色調が暗くなり、暗い場所で使うときの目への負担を軽減できます。

1 基本
2 設定
3 電話
4 メール
5 ネット
6 アプリ
7 写真
8 便利
9 疑問

設定

ロックまでの時間を変えるには

iPhoneは一定時間、操作がなかったとき、自動的にロックされる「自動ロック」機能があります。短い時間で画面が消えてしまうと、その都度、ロック解除が必要になってしまうので、適度な時間を設定しましょう。

1 [自動ロック]の画面を表示する

ワザ017を参考に、[設定]の画面を表示しておく

❶ [画面表示と明るさ]を**タップ**

❷ [自動ロック]を**タップ**

2 自動ロックの時間を変更する

ここでは3分以上、操作しなかったときに自動ロックするように設定する

[3分]を**タップ**

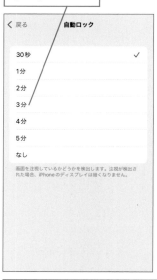

自動ロックまでの時間が変更される

HINT 画面をこまめに消せば、バッテリーが長持ちする

自動ロックの時間を短めに設定すると、iPhoneを操作せず、画面に視線を向けていないときにすぐに画面が表示されなくなり、電力消費を抑えることができます。結果的に、バッテリーの使用可能時間も長くなります。

　●まめ知識　動画を画面いっぱいに表示したいときには、[画面縦向きのロック]をオフにします。

画面と本体の設定

iOS

画面の自動回転を固定するには

アプリによっては、iPhoneを横向きに持つと画面の表示も自動で回転し、画面が横長に表示されます。ベッドに横になってiPhoneを使うときなどに［画面縦向きのロック］をオンにすると、画面が自動回転しなくなります。

1 画面の回転を固定する

ワザ011を参考に、コントロールセンターを表示しておく

［画面縦向きのロック］を**タップ**してオンに設定

2 画面の回転が固定された

［画面縦向きのロック］がオンに設定された

HINT コントロールセンターの項目はカスタマイズできる

［設定］の画面の［コントロールセンター］で、コントロールセンターに表示される項目を追加したり、非表示にすることができます。自分の利用スタイルに合わせて変更しておくと便利です。

1 基本

2 設定

3 電話

4 メール

5 ネット

6 アプリ

7 写真

8 便利

9 疑問

082

設定

暗証番号でロックをかけるには

iPhoneには連絡先やメールなど、大切な個人情報がたくさん記録されています。紛失や盗難に遭ったとき、iPhoneにある情報を不正に使われないように、パスコード（暗証番号）を設定しておきましょう。

第8章 iPhoneをもっと使いやすくしよう

パスコードの設定

1 [Face IDとパスコード]の画面を表示する

ワザ017を参考に、[設定]の画面を表示しておく

❶画面を下に**スクロール**

```
          設定
⚙  一般                      >
⊙  コントロールセンター       >
AA 画面表示と明るさ          >
▦  ホーム画面                >
☉  アクセシビリティ          >
❀  壁紙                      >
✦  Siri と検索              >
☺  Face IDとパスコード      >
SOS 緊急SOS                 >
☀  接触通知                 >
▭  バッテリー               >
✋ プライバシー             >

🅐  App Store               >
```

❷ [Face IDとパスコード]を**タップ**

パスコードを設定済みのときは、設定したパスコードを入力すると、[Face IDとパスワード]の画面が表示される

2 [パスコードを設定]の画面を表示する

[Face IDとパスコード]の画面が表示された

❶画面を下に**スクロール**

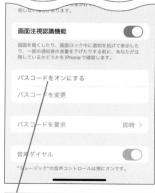

❷ [パスコードをオンにする]を**タップ**

●まめ知識　ロック解除時にパスコードの入力を何度も間違えると、連続で入力できなくなります。

3 パスコードを設定する

6けたのパスコードを**入力**

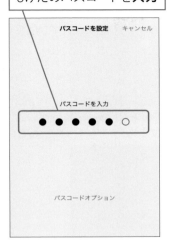

パスコードを設定　キャンセル

パスコードを入力

● ● ● ● ● ● ○

パスコードオプション

4 パスコードを再入力する

もう一度、同じ6けたの
パスコードを**入力**

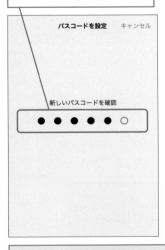

パスコードを設定　キャンセル

新しいパスコードを確認

● ● ● ● ● ● ○

Apple IDの画面が表示された
ときは、パスワードを入力して、
[サインイン]をタップする

HINT
パスコードは忘れない
ようにしよう

パスコードを忘れてしまうと、
iPhoneをリセットする必要があ
ります。リセットすると、iPhone
に保存されているデータはすべ
て消去されてしまいます。忘れに
くく、他人に類推されにくいパス
コードを設定しましょう。

5 パスコードが設定された

表示が[パスコードをオフにする]
に切り替わった

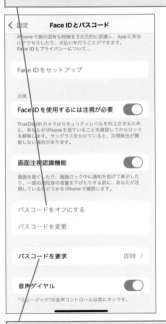

く設定　**Face ID とパスコード**

iPhoneで顔の固有な特徴を3次元的に認識し、Appに安全にアクセスしたり、支払いを行うことができます。
Face IDとプライバシーについて...

Face ID をセットアップ

注視

Face ID を使用するには注視が必要　⬤

TrueDepthカメラはセキュリティレベルを向上させるために、あなたがiPhoneを見ていることを確認してからロックを解除します。サングラスをかけていると、注視検出が機能しない場合があります。

画面注視認識機能　⬤

画面を暗くしたり、画面ロック中に通知を拡げて表示したり、一部の通知音の音量を下げたりする前に、あなたが注視しているかどうかを iPhoneで確認します。

パスコードをオフにする

パスコードを変更

パスコードを要求　　　　即時 ＞

音声ダイヤル　⬤

"ミュージック"の音声コントロールは常にオンです。

[パスコードを要求]をタップする
と、パスコードが要求されるまで
の時間を設定できる

次のページに続く⟶

パスコードロックの解除

1 iPhoneのロックを解除する

ワザ003を参考に、スリープを
解除する

画面の下端から
上に**スワイプ**

2 パスコードが要求された

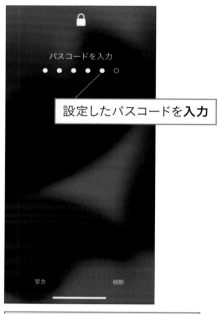

設定したパスコードを**入力**

正しいパスコードを入力すると、
操作画面が表示される

HINT より複雑なパスコードを設定できる

ここでは6けたの数字によるパス
コードを設定しましたが、前ページ
の手順3の画面で［パスコードオプ
ション］をタップすると、4けたの
数字によるパスコードや英数字を
含めたパスコードを設定できます。
ビジネスで使うなど、より高いセ
キュリティが必要なときは、より複
雑なパスコードを設定しましょう。

英数字を組み合わせた複雑な
パスコードも設定できる

●まめ知識　Face IDは赤外線で顔の形状を読み取るので、暗いところでも顔認証ができます。

083

セキュリティの設定
設定

Face IDを設定するには

iPhoneに搭載されている顔認証機能（Face ID）を設定しておくと、ロック解除や決済のとき、iPhoneの前にいる人物の顔を読み取り、持ち主本人かどうかが認証されるので、パスコードの入力を省けます。

1 基本
2 設定
3 電話
4 メール
5 ネット
6 アプリ
7 写真
8 便利
9 疑問

顔認証の設定

1 Face IDの設定を開始する

ワザ082を参考に、［Face IDとパスコード］の画面を表示しておく

［Face IDをセットアップ］を**タップ**

2 顔のスキャンを開始する

［Face IDの設定方法］の画面が表示された

［開始］を**タップ**

HINT Face IDなら画面を見つめるだけでロックを解除できる

Face IDを設定すると、iPhoneの画面を見つめるだけで認証が行なわれ、成功すると、画面上の錠前アイコンが変化します。この状態で画面下端から上にスワイプすると、画面のロックが解除されます。

次のページに続く→

3 自分の顔をスキャンする

カメラが起動した

❶画面上の枠内に入るように、自分の顔を**映す**

ゆっくりと頭を動かして円を描いてください。

❷頭の角度を変えながら、顔全体をカメラに**映す**

円のまわりがすべて緑の線になるまで、頭を動かす

HINT 顔の形状を登録する

Face IDは鼻の高さや頬の形など、顔の立体形状で人物を識別します。このため、Face IDに顔を登録するときは、頭全体を動かし、いろいろな方向から見た顔の形状をiPhoneに記録します。

4 顔のスキャンを続ける

最初のスキャンが完了し、円が緑の線で囲まれた

最初のFace ID
スキャンが完了しました。

続ける

[続ける]を**タップ**

5 もう一度、自分の顔を映す

頭の角度を変えながら、顔全体をカメラに**映す**

ゆっくりと頭を動かして円を描いてください。

●まめ知識　Face IDはマスクを着用していると認証できず、パスコード入力に切り替わります。

6 Face IDの設定を完了する

顔のスキャンが完了した

Face IDが
設定されました。

[完了]を**タップ**

完了

パスコードを設定していない
ときは、ワザ082を参考に、
設定しておく

7 Face IDの設定が完了した

[Face IDをリセット]と表示され、
顔が登録された

< 設定　　**Face IDとパスコード**

FACE ID を使用:

iPhoneのロックを解除

iTunes Store と App Store

ウォレットと Apple Pay

パスワードの自動入力

iPhoneで顔の固有な特徴を3次元的に認識し、Appに安全
にアクセスしたり、支払いを行うことができます。
Face IDとプライバシーについて...

もう一つの容姿をセットアップ

Face IDは継続的に容貌・外見を学習します。
もう一つの容姿を認識することもできます。

Face IDをリセット

注視

Face ID を使用するには注視が必要

TrueDepthカメラはセキュリティレベルを向上させるため
に、あなたがiPhoneを見ていることを確認してからロック
を解除します。サングラスをかけていると、注視検出が無

顔の登録をやり直すときは、[Face
IDをリセット]をタップする

HINT アプリや曲の購入にもFace IDの顔認証を使える

手順7の画面で[iTunes StoreとApp Store]をオンにしておくと、iTunes
StoreやApp Storeで音楽やアプリをダウンロードするとき、Apple IDのパ
スワードを入力する代わりに、顔認証を利用できます。

HINT Apple Watchがあれば、マスク着用時でもロック解除できる

通常はマスクを着用していると、Face IDは使えませんが、設定済みの
Apple Watchが通信範囲内にあるときは、マスクを着用中でもロック解除
ができます。[設定]の画面の[Face IDとパスコード]に[APPLE WATCH
でロック解除]という項目が追加されるので、オンに設定しましょう。

1 基本

2 設定

3 電話

4 メール

5 ネット

6 アプリ

7 写真

8 便利

9 疑問

設定

2ファクタ認証を確認するには

2ファクタ認証（二段階認証）は、Apple IDにパスワードだけではサインインできないようにして、不正利用を防ぐ機能です。このワザでオンに設定されていることを確認し、未設定なら、画面の指示に従って、設定しましょう。

第8章 iPhoneをもっと使いやすくしよう

1 [パスワードとセキュリティ]の画面を表示する

ワザ019を参考に、Apple IDを設定しておく

ワザ020を参考に、[Apple ID]の画面を表示しておく

[パスワードとセキュリティ]を**タップ**

2 2ファクタ認証の設定を確認する

[パスワードとセキュリティ]の画面が表示された

[2ファクタ認証]が[オン]になっていることを**確認**

HINT 2ファクタ認証はどうやって使うの？

ほかの機器でApple IDにサインインしようとすると、6けたの確認コードが要求されます。iPhoneの画面に自動的に表示されたコード、または[メッセージ]のアプリで受け取ったコードを入力しましょう。コードを見逃してしまったときは、手順2の[確認コードを入手]で再表示することもできます。

セキュリティの設定

トラッキングのプライバシー設定を確認するには

広告を表示するアプリは、アプリやWebページの利用履歴を記録する「トラッキング」という機能を使います。このワザの手順でアプリごとのトラッキングの有無を確認したり、無効に設定することができます。

1 基本

2 設定

3 電話

4 メール

5 ネット

6 アプリ

7 写真

8 便利

9 疑問

1 [プライバシー]の画面を表示する

ワザ017を参考に、[設定]の画面を表示しておく

❶画面を下に**スクロール**

❷[プライバシー]を**タップ**

2 [トラッキング]の画面を表示する

[プライバシー]の画面が表示された

[トラッキング]を**タップ**

HINT トラッキングって何?

「トラッキング」はアプリやWebページなどの利用履歴（アクティビティ）を記録する機能で、広告事業者がユーザーごとに最適な広告を配信したりするために使われています。利用履歴は匿名化されて記録されますが、それでも人に知られたくない、または利用履歴に基づいた広告表示をされたくないときは、トラッキングをオフにしておきましょう。

次のページに続く→

3 [トラッキング]の設定を確認する

[トラッキング]の画面が表示された

[Appからのトラッキング要求を許可]がオンになっていることを**確認**

〈 プライバシー　**トラッキング**

Appからのトラッキング要求を許可　⬤

Appが他社のAppやWebサイトを横断してあなたのアクティビティをトラッキングすることを要求できるようにします。オフにすると、すべての新しいAppからのトラッキング要求が自動的に拒否されます。詳しい情報...

識別子を使ってあなたのアクティビティを追跡する許可を求めたAppは、ここに表示されます。トラッキング活動は、アクセスを拒否したAppによりブロックされます。

🟢 ＋メッセージ	⬤
📻 radiko	⬤
📰 SmartNews	⬤
NIKKEI 日経電子版	⬤

アプリごとにトラッキングのオンとオフを設定できる

HINT トラッキングを一括でオフに設定できる

手順3の画面で[Appからのトラッキング要求を許可]をオフにしていると、新しいアプリからトラッキング要求があっても自動的に拒否されます。ただし、この設定がオフになっていても同画面のリストでオンに設定してあるアプリは、トラッキングが有効になります。

HINT アプリの起動時にトラッキングの設定が行なえる

トラッキング機能に対応するアプリをはじめて利用しているとき、トラッキングの許可に関する確認画面が表示されることがあります。選択して操作を続けましょう。アプリごとの許可の状況は、手順2の[トラッキング]の画面から確認と設定変更ができます。

アプリの初回起動時に、トラッキングに関する確認画面が表示される

●まめ知識　トラッキング機能は、オンになっている複数のアプリを横断して利用履歴を記録します。

ウォレット

Apple Payの準備をするには

［ウォレット］を使い、Apple Pay対応のクレジットカードやSuica、PASMOを登録しておけば、コンビニのレジや駅の改札にiPhoneをかざすことで、商品代金を支払ったり、電車に乗ったりすることができます。

Apple Payに登録できる電子マネー

iPhoneには非接触ICカード「FeliCa」の機能が内蔵されていて、電子マネーなどに利用できます。日本の携帯電話やスマートフォンで一般的な「おサイフケータイ」と同じような機能です。国内発行されている大半のクレジットカードは、このワザの手順でiPhoneに登録することで、電子マネーの「QUICPay」か、「iD」のいずれかとして利用できます。「Suica」や「PASMO」は新規登録だけでなく、手持ちの定期を取り込めます。ただし、SuicaやPASMOは、登録後にクレジットカードなどで残高をチャージしておく必要があります。

●Apple Payの仕組み

［ウォレット］でApple Payにクレジットカードを登録しておく

QUICPay対応の
クレジットカード

iD対応の
クレジットカード

Suica

PASMO

お店のカードリーダーにiPhoneをかざして、電子マネーとして利用できる

SuicaやPASMOを登録すると、改札にiPhoneをかざして電車に乗れる

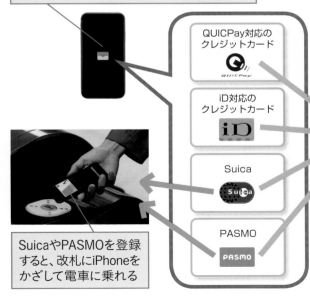

1 基本

2 設定

3 電話

4 メール

5 ネット

6 アプリ

7 写真

8 便利

9 疑問

次のページに続く→

Apple Payで使用するクレジットカードの追加

1 [ウォレット]を起動する

ワザ082を参考に、パスコードを
設定しておく

ワザ083を参考に、Face IDを
設定しておく

[ウォレット]を**タップ**

位置情報の利用に関する確認画面
が表示されたときは、[Appの使用
中は許可]をタップする

HINT パスコードとFace IDを登録しておこう

Apple Payを使うには、ワザ082
と083で解説したパスコードと
Face ID (顔認証) を事前に設定
しておく必要があります。「Suica」
や「PASMO」は認証なしでも使え
ますが、「QUICPay」や「iD」で支
払うときには、毎回、Face IDか、
パスコードの操作が必要です。

2 カードの追加を開始する

[ウォレット]が起動した

ここを**タップ**

[Apple Payの設定]の
画面が表示されたとき
は、Face IDとパスコード
を設定する

ウォレット

Apple Pay を始め
ましょう

交通系ICカード、クレジット、デ
ビットまたはプリペイドカードを
追加しましょう。   追加

3 カードの種類を選択する

ここではクレジットカードを
追加する

[クレジットカードなど]を**タップ**

ウォレットに追加

毎日使うカード、キー、パスを1か所にまとめて
おくことができます。

利用可能なカード

クレジットカードなど   >

交通系ICカード   >

4 クレジットカードの登録を開始する

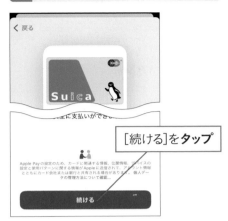

[続ける]を**タップ**

5 クレジットカードを読み取る

Apple Payに登録するクレジットカードを準備しておく

カメラが起動し、カードの読み取り画面が表示された

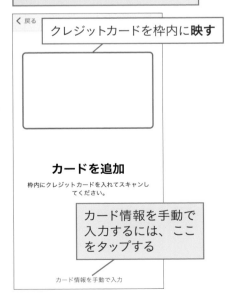

クレジットカードを枠内に**映す**

カードを追加
枠内にクレジットカードを入れてスキャンしてください。

カード情報を手動で入力するには、ここをタップする

6 カードの詳細を確認する

自動で読み取られたカード情報が表示された

❶[名前]と[カード番号]の内容を**確認**

カード詳細
カードに記載された情報を入力してください。

| 名前 | TAKAYUKI TAKIZAWA |
| カード番号 | |

読み取った情報を訂正するには、⊗をタップして、入力し直す

❷画面右上の[次へ]を**タップ**

7 セキュリティコードを入力する

カード裏面に記載されているセキュリティコードを入力する

❶[有効期限]の内容を**確認**

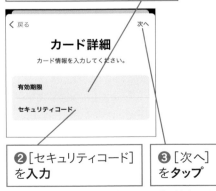

カード詳細
カード情報を入力してください。

有効期限

セキュリティコード

❷[セキュリティコード]を**入力**

❸[次へ]を**タップ**

次のページに続く⟶

1 基本

2 設定

3 電話

4 メール

5 ネット

6 アプリ

7 写真

8 便利

9 疑問

8 利用条件を確認する

Apple Payの利用条件が
表示された

❶利用条件を**確認**

利用規約

**Apple Pay特約および電子メールによる書面交付に
関する同意**
Apple Pay特約（クレジットカード用）

第1条（本特約の適用等）
1. 本特約は、「三井住友カード会員規約」及び各特
約（以下総称して「会員規約等」という）を承認し
〜三井住友カード株式会社（以下「当社」という〜

〜
2. Apple Pay利用申込み及びその利用については、本
特約に加えて会員規約等（「iD会員特約」を除く）
が適用されるものとします。本特約と会員規約等が
矛盾抵触する場合には本特約が優先的に適用される
ものとします。

第2条（用語定義）
本特約において、用語の定義は以下に定めるものと
します。
・**Apple Pay**：会員の申込みに基づき当社が提供す
る決済サービス及びそれに関連する機能・サービス
〜〜〜〜〜（以下「〜〜〜〜〜」）〜提供す

同意しない　　　　　　　　　　　　　　同意する

---

❷［同意する］を**タップ**

9 利用可能なサービスを確認する

利用できる電子マネーの
種類が表示された

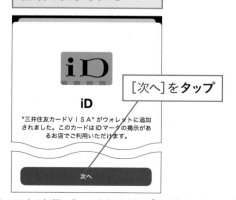

iD

［次へ］を**タップ**

"三井住友カードＶＩＳＡ"がウォレットに追加
されました。このカードはiDマークの掲示があ
るお店でご利用いただけます。

次へ

10 カードの認証方法を選択する

［カード認証］の画面が表示された

ここではSMSで認証コードを
受け取る

❶［SMS］にチェックマークが
付いていることを**確認**

❷［次へ］を**タップ**

次へ

カード認証

Apple Pay で利用したいカードを認証する方法
を選択してください。

SMS
******

三井住友カードに発信

認証をあとで完了

クレジットカードの種類によって
は、SMSではなく、電話など、
ほかの手段でカード認証を行な
うこともある

●まめ知識　SuicaやPASMOは［お手持ちのカードを追加］をタップし、カードのID下4けたを入力します。

11 カードを認証する

ワザ039を参考に、［メッセージ］で受信した認証コードを表示しておく

❶認証コードを**確認**

もう一度、［ウォレット］の画面を表示しておく

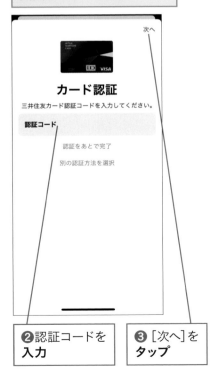

❷認証コードを**入力**

❸［次へ］を**タップ**

12 カードの追加を完了する

［アクティベート完了］の画面が表示された

［完了］を**タップ**

カードの画面が表示された

カードを下にスワイプすると、手順2の画面に戻る

画面下端から上にスワイプして、［ウォレット］を終了しておく

次のページに続く⟶

1 基本

2 設定

3 電話

4 メール

5 ネット

6 アプリ

7 写真

8 便利

9 疑問

クレジットカードの確認

1 [ウォレットとApple Pay]の画面を表示する

ワザ017を参考に、[設定]の画面を表示しておく

❶画面を下に**スクロール**

❷[ウォレットとApple Pay]を**タップ**

設定		
App Store		>
ウォレットと Apple Pay		>
パスワード		>
メール		>
連絡先		>
カレンダー		>
メモ		>
リマインダー		>
ボイスメモ		>
電話		>
メッセージ		>
FaceTime		>
Safari		>
株価		>
天気		>

2 メインカードを確認する

[ウォレットとApple Pay]の画面が表示された

[メインカード]に、追加したクレジットカードが表示されていることを確認しておく

HINT SuicaやPASMOを認証の操作なしで使うには

交通系ICカードの「Suica」や「PASMO」を登録すると、手順2の画面に[エクスプレスカード]という項目が表示されます。この[エクスプレスカード]に設定しておくと、その交通系ICカードは認証などの操作なしに、iPhoneをかざすだけで利用できるようになります。iPhone内の交通系ICカードを使いたくないときは、エクスプレスカードの設定を解除しましょう。

ウォレット

Apple Payで支払いをするには

iPhoneに登録したApple Payは、このワザの手順で利用できます。エクスプレスカードに設定されたSuicaやPASMOは、認証の操作をしなくても使えますが、コンビニのレジなどでは「Suicaを使う」などと伝えてから、支払いをします。

1 レジの前で［ウォレット］を起動する

支払いに使う電子マネーの種類（iD、QUICPay、Suica、PASMOなど）を店員に伝えておく

サイドボタンをすばやく2回押す

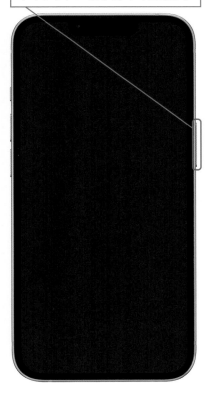

2 Face ID認証を行なう

［ウォレット］が起動し、使用するカードが表示された

複数のカードを登録しているときは、カードを選択できる

❶使用するカードを確認　❷iPhoneの画面に顔を向ける

顔が認証されないときは、［パスコードで支払う］をタップしてパスコードを入力する

次のページに続く→

1 基本
2 設定
3 電話
4 メール
5 ネット
6 アプリ
7 写真
8 便利
9 疑問

3 カードリーダーにかざして支払いする

顔認証が完了し、［リーダーにかざしてください］と表示された

iPhoneの上端側をカードリーダーに**かざす**

4 支払いが完了した

［完了］と表示された

Apple Payで支払いができた

HINT Apple Payが設定してあるiPhoneを紛失したときは

Apple Payを登録しているiPhoneを紛失したときは、ワザ100の遠隔操作の手順でiPhoneを［紛失モード］にすることで、Apple Payを無効化できます。iPhoneが見つからなかったときは、［iPhoneを消去］でApple PayごとiPhoneを初期化しましょう。Apple Payの電子マネーは消去しても別のiPhoneに同じApple IDでサインインすれば、再登録できます。Suicaの場合、元のiPhoneで消去されていれば、残高も引き継げます。遠隔操作でSuicaを消去できなかった場合、モバイルSuicaのWebサイトで再発行手続きをすることで、翌日以降にSuicaを引き継ぐことができます。故障や機種変更時も同様にSuicaを消去するか、再発行することで、引き継ぐことができます。

モバイルSuicaのログインページ

https://www.mobilesuica.com/

●まめ知識 ［ウォレット］には電子マネーだけでなくマイレージカードなども登録して使えます。

iOS

声で操作する「Siri」を使うには

Siriは音声でiPhoneを操作できる機能です。iPhoneに向かって話すだけで、天気を調べたり、メールを送ったりできます。サイドボタンを2～3秒押すだけで起動できるうえ、人と話すような自然な会話で使えるのが特徴です。

Siriを使った操作

1 Siriを起動する

ここでは東京の天気を確認する

❶サイドボタンを2～3秒**押し続ける** ／ Siriが起動した

Siriの説明画面が表示されたときは、[Siriをオンにする] をタップして、Siriをオンにする

音声入力の例が表示されたときは、画面下のアイコンをタップする

❷「東京の天気は？」と**話しかける**

2 Siriが応答した

Siriが応答し、東京の天気が表示された

このアイコンをタップすると、続けて音声を入力できる

画面下端から上にスワイプすると、Siriを終了できる

次のページに続く →

Siriを使ってできること

Siriは何か情報を調べるだけでなく、iPhoneの機能を使ったり、設定を変更したりできます。たとえば、電話をかけたり、メッセージを送信したり、画面の明るさを変えたりできます。使い方を知りたいときは、Siriに「何ができるの？」と聞いてみましょう。

音声入力した内容に合わせて、Siriがさまざまな応答をする

●音声入力とSiriの応答例

音声入力（日本語）	応答例
画面を明るくして	画面が少し明るく設定される
おやすみモードをオンにして	おやすみモード（ワザ089）がオンになる
近くに郵便局はある？	近隣の郵便局を検索
「メガロドン」について教えて	メガロドンについての情報を表示
田中さんに「今向かっています」と伝えて	連絡先に登録してある田中さんに「今向かっています」とメッセージを送信
3時に会議を設定	「午後3時の会議」をカレンダーに追加
78ドルは何円？	現在のレートで外貨を調べる
家を出るときに銀行の用事を思い出させて	家を出るときに「銀行の用事」と教えてくれるリマインダーを登録する
明日6時に起こして	午前6時にアラームをセット
30分たったら教えて	30分のタイマーをセット

HINT Siriの位置情報サービスをオンにするには

Siriの一部の機能は、位置情報サービスを利用します。Siriを使っていて、位置情報サービスをオンにするように表示されたら、["位置情報サービス"設定]をタップし、[Siriと音声入力]をタップして、[このAppの使用中のみ許可]を選択してください。

HINT ロック画面でSiriを使いたくないときは

SiriはiPhoneの画面がロックされているときでもサイドボタンを長押しすることで、起動できます。Face IDやパスコードを設定していてもSiriを起動すれば、電話をかけたり、カレンダーの予定を表示したりするなど、一部の機能を使って、個人情報を表示することができてしまいます。そのため、ロックをかけていてもiPhoneを紛失したとき、第三者に悪用されてしまうリスクがあります。このリスクを避けたいときは、[設定]の[Siriと検索]の画面で、[ロック中にSiriを許可]をオフにしておきましょう。

> ロック中でもSiriが許可されていると、個人情報が悪用されるおそれがある

> ワザ017を参考に、[設定]の画面を表示しておく

> ❶ [Siriと検索]を**タップ**

> ❷ [ロック中にSiriを許可]のここをタップして、オフに**設定**

> ロック中にSiriが起動できなくなる

iOS

就寝中の通知をオフにするには

「集中モード」を使うと、メッセージ着信や各アプリからの通知を一時的に停止できます。就寝中や会議中、映画鑑賞中など、一時的に通知を受けたくないときに便利な機能です。集中モードの使用中もアラームやタイマーは鳴ります。

第8章 iPhoneをもっと使いやすくしよう

集中モード（おやすみモード）の有効化

1 [集中モード]の画面を表示する

ワザ011を参考に、コントロールセンターを表示しておく

ここでは集中モードの「おやすみモード」を利用する

[集中モード]を**タップ**

2 [おやすみモード]の機能を有効にする

集中モードの画面が表示された

[おやすみモード]を**タップ**

ここをタップすると、おやすみモードの詳細設定ができる

[おやすみモード]がオンに設定された

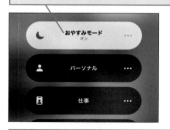

iPhoneの画面ロック中に着信などが通知されなくなった

HINT 集中モードの切り忘れに注意しよう

集中モードをオンに切り替えたまま忘れてしまうと、必要な通知を受け取れない、ということになりかねません。次ページのHINTを参考に、オフにする時間などの設定を活用しましょう。

集中モードのタイミングを細かく設定できる

前ページの手順2の画面で集中モードを選択するとき、それぞれのモードの右のアイコンをタップすると、時間経過や移動によって自動でオフ状態に戻すようにもできます。また、右の画面にある［設定］をタップすると、各モードを自動でオン/オフする曜日や時刻、場所などを細かく設定することも可能です。

ここをタップすると、詳細設定のメニューが開閉できる

［設定］をタップすると、通知の内容なども設定できる

さまざまな用途で集中モードを設定できる

集中モードは「おやすみモード」など複数のモードを使い分けることができ、それぞれのモードごとに通知するアプリや連絡先、利用する時間帯などを細かく設定できます。たとえば、平日昼間は仕事に使うアプリの通知のみを受け、会議中はすべてのアプリの通知を停止する、といった細かい使い分けもできます。アプリからの通知が増えてきたら、必要な通知を見逃さないように、自分に合った集中モードを設定してみましょう。

ワザ017を参考に、［設定］の画面を表示した後、［集中モード］をタップする

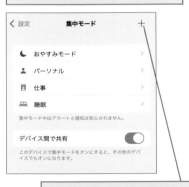

ここをタップすると、集中モードを追加できる

1 基本

2 設定

3 電話

4 メール

5 ネット

6 アプリ

7 写真

8 便利

9 疑問

090

設定

アプリの通知を設定するには

iPhoneにインストールされているアプリの新着通知は、アプリごとに通知方法や通知のオン／オフを選ぶことができます。重要なアプリからの通知を目立つよう設定しておけば、必要な通知に気が付きやすくなります。

通知の設定画面の表示

1 ［通知］の画面を表示する

ワザ017を参考に、［設定］の画面を表示しておく

設定

滝沢孝之
Apple ID、iCloud、メディアと購入 >

✈️ 機内モード ⬜

📶 Wi-Fi　　Dekiru_net >

✳️ Bluetooth　　オン >

📡 モバイル通信 >

🔗 インターネット共有　　オフ >

🔔 通知 ―――

🔊 サウンドと触覚 >

🌙 集中モード >

⏳ スクリーンタイム >

⚙️ 一般 >

🎛 コントロールセンター >

［通知］をタップ

2 ［通知］の画面が表示された

すべてのアプリの通知に共通の設定が行なえる

< 設定　　**通知**

時刻指定要約　　オフ >

プレビューを表示　　常に >

画面共有　　通知オフ >

SIRI

Siriからの提案
ロック画面でショート
択します。

通知スタイル

通知センターに表示するアプリと内容を設定する

🅰️ App Store
バナー、サウンド、バッジ >

📹 FaceTime
バナー、サウンド、バッジ >

⭐ iTunes Store
バナー、サウンド、バッジ >

🎙 Podcast
バナー、サウンド >

📺 TV
バナー、サウンド、バッジ、読み上げ >

💳 ウォレット
バナー、サウンド、バッジ >

HINT　ロック画面に表示される通知に注意しよう

ロック画面はパスコードなどを入力しなくても他人に見られる可能性があります。手順4の画面では、アプリごとにロック画面に通知を表示するかを選べるので、見られたくない通知は、［ロック画面］をオフにしておきましょう。

1 基本

2 設定

3 電話

4 メール

5 ネット

6 アプリ

7 写真

8 便利

9 疑問

HINT 通知のスタイルは好みに合わせて選べる

iPhoneを起動しているときに表示される［バナー］による通知方法は、手順4の画面で選ぶことができます。［一時的］は一定時間でバナーが消えますが、［持続的］はタップして、通知を確認するか、上にスワイプするまで、バナーが消えません。スケジュールの通知など、見落としたくないものは、［持続的］で表示するなど、自分に合った設定にしましょう。

◆バナー
画面上部に「一時的」に表示するか、確認の操作をするまで「持続的」に表示するかを選べる

アプリごとの通知の設定

3 アプリの通知の設定画面を表示する

ここでは［メッセージ］の通知の設定を変更する

❶画面を下にスクロール

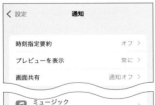

❷［メッセージ］をタップ

4 ［プレビューを表示］の画面を表示する

［バナースタイル］をタップすると、表示のタイミングを選択できる

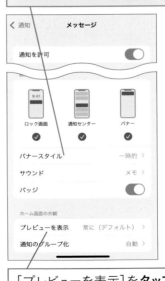

［プレビューを表示］をタップ

次のページに続く ⟶

5 ロック画面の表示を設定する

ロックされていないときに [メッセージ] のプレビューが表示されるように設定する

❶ [ロックされていない時]を**タップ**

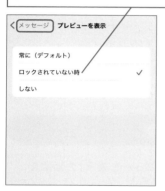

❷画面左上にある [メッセージ] を**タップ**

6 アプリの通知の設定が変更された

[メッセージ] のプレビューの表示方法が変更された

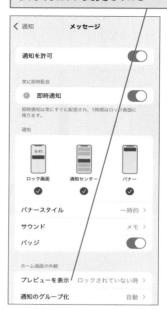

HINT 通知の「プレビュー」に注意しよう

一部のアプリからの通知は本文の冒頭などが「プレビュー」として表示されます。[プレビューの表示]を[しない]に設定すると、ほかの人にメッセージの内容を見られにくくなります。[ロックされていない時]に設定してもロック画面に視線を向けると、顔認証が行われ、プレビューが表示されるので注意しましょう。また、手順2の画面の[プレビューの表示]からは、すべての通知のプレビューを一括で設定できます。

[プレビューを表示] が [常に] に設定されていると、メッセージなどの内容が表示されてしまう

まめ知識 [緊急速報]をオンにしておくと、気象庁などから提供される地震速報などが通知されます。

1 基本
2 設定
3 電話
4 メール
5 ネット
6 アプリ
7 写真
8 便利
9 疑問

HINT アプリのアイコンに新着件数を表示できる

アプリによっては、新着通知の件数をホーム画面のアプリアイコンに「バッジ」として表示できるものがあります。バッジの表示に対応するアプリは、手順5の画面の［バッジ］でバッジ表示のオン／オフを切り替えることができます。

◆バッジ
未読のメールの件数などがアイコンの右上に表示される

HINT 通知が連続するときは一時的に停止できる

通知センターやロック画面に表示されている通知を左にスワイプして、［オプション］をタップすると、そのアプリの通知を一定時間だけ停止できます。LINEなどのグループチャットで、自分が参加できない間に会話の通知が続くときは、この方法で一時的に通知を停止しておいて、仕事が終わった後などに確認する、といった使い方をすると便利です。

ワザ010を参考に、通知センターからウィジェットの画面を表示しておく

通知を停止する期間が選択できる

❶通知を左に**スワイプ**

❷［オプション］を**タップ**

091

便利な設定

設定

テザリングを利用するには

［インターネット共有］（テザリング）を使うと、iPhoneのデータ通信に相乗りして、Wi-Fiに対応したノートパソコンやiPad、ゲーム機などの機器をインターネットに接続できます。テザリングの利用に申し込みは不要です。

第8章 iPhoneをもっと使いやすくしよう

アクセスポイントのパスワード（暗号化キー）の設定

1 ［インターネット共有］の画面を 表示する

ワザ017を参考に、［設定］の 画面を表示しておく

［インターネット共有］ を**タップ**

2 パスワードの設定画面を 表示する

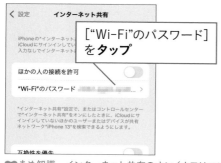

［"Wi-Fi"のパスワード］ を**タップ**

3 パスワードを設定する

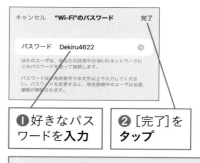

❶ 好きなパス ワードを**入力**

❷ ［完了］を **タップ**

アクセスポイントのパスワードが 設定された

●まめ知識　インターネット共有のオン／オフはコントロールセンターの詳細画面でも切り替えられます。

［インターネット共有］の有効化

1 インターネット共有を設定する

前ページの手順を参考に、
［インターネット共有］の
画面を表示しておく

❶［インターネット共有］のここを
タップして、オンに設定

Wi-Fi（無線LAN）がオフのときは、
確認の画面が表示される

Wi-Fiはオフです
インターネット接続は Bluetooth 経由およ
び USB 経由での共有されます。Wi-Fi 経
由でも共有できるようにしますか？

Wi-Fiをオンにする

BluetoothとUSBのみ

❷［Wi-Fiをオンにする］を**タップ**

2 インターネット共有を設定できた

［このコンピュータを信頼します
か？］の画面が表示されたときは
［信頼］をタップする

［"インターネット共有"を共有］の画
面が表示されたときは［"インターネ
ット共有"を共有］をタップする

ほかの機器からiPhoneに接続す
ると、ここが緑色で表示される

インターネット共有を利用しないとき
は、［インターネット共有］のここを
タップして、オフに設定しておく

HINT USB接続経由のインターネット共有に注意しよう

パソコンの場合、Wi-Fi（無線LAN）接続だけでなく、Lightning － USB
ケーブルで接続することでもインターネット接続を共有できます。ただし、
iPhoneを充電するつもりでパソコンと接続したのに、知らないうちにイン
ターネット接続を共有していたということのないように、上の手順で設定し
ているiPhoneの［インターネット共有］は必要なときだけ、オンに切り替え、
使い終わったときは、忘れずにオフに切り替えるようにしましょう。

1 基本

2 設定

3 電話

4 メール

5 ネット

6 アプリ

7 写真

8 便利

9 疑問

次のページに続く→

HINT Wi-Fi（無線LAN）のパスワードを必ず設定しよう

テザリングでiPhoneにWi-Fi（無線LAN）で接続するのに必要なパスワード
は、初期設定では無作為に設定されています。244ページの手順で、使い
やすいパスワードに変更することができます。一度、パソコンに設定すれば、
2回目以降は再入力の必要がないので、他人に見られる心配のない自宅な
どで設定しておき、外出先ではiPhoneのパスワードの画面を見られないよ
うに注意しましょう。

HINT アクセスポイント名を変更しておこう

テザリング機能でのアクセスポイント名には、そのiPhoneの名前が設定さ
れます。iPhoneの名前は［設定］の画面の［一般］-［情報］にある［名前］
で確認と変更ができます。アクセスポイント名は周囲の人からも見えてしま
うので、自分の名前などの個人情報が含まれない名前になっているかを確
認しておきましょう。また、半角スペースや記号など、英数字以外が使われ
ていると、正しく接続できないことがあるので注意しましょう。

ワザ017を参考に、［設定］の画面
を表示した後、［一般］-［情報］の
順にタップする

iPhoneの名前がアクセス
ポイントの名前となる

❶［名前］を**タップ**

❷好きな名前を**入力**

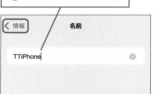

❸画面左上の［情報］を**タップ**

iPhoneの名前が設定される

HINT テザリング中の通信量に注意しよう

テザリングでつないだパソコンやタブレットなどは、iPhoneのデータ通信
機能を使って、インターネットと接続します。パソコンのOSアップデートや
ゲーム機のダウンロードなどで、データ通信量が短時間で急速に増えてし
まうことがあるので、テザリングを利用するときは、契約している料金プラ
ンのデータ通信量を超えないように注意しましょう。

092

設定

便利な設定

周辺機器と接続するには

ヘッドフォンやキーボードなどのBluetooth機器をiPhoneに接続するには、「ペアリング」と呼ばれる操作が必要になります。対応機器側をペアリングモードにしてから、このワザの手順で機器を検索し、登録しましょう。

Bluetooth機器の接続

1 [Bluetooth]の画面を表示する

ワザ017を参考に、[設定]の
画面を表示しておく

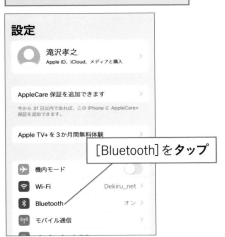

[Bluetooth]を**タップ**

2 Bluetooth対応機器を選択する

❶ [Bluetooth]がオンに
なっていることを**確認**

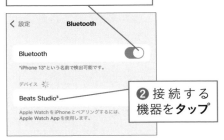

❷ 接続する
機器を**タップ**

機器によっては、接続用のパス
ワードの入力が必要になる

Bluetooth対応の機器が
使えるようになる

HINT Apple Watchは専用アプリからペアリングする

Apple Watchをペアリングするには、iPhone上の[Watch]を利用します。他社製のウェアラブル機器は、App Storeから専用アプリをダウンロードして、ペアリングするものが多くなっています。

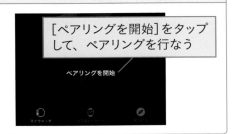

[ペアリングを開始]をタップ
して、ペアリングを行なう

1 基本
2 設定
3 電話
4 メール
5 ネット
6 アプリ
7 写真
8 便利
9 疑問

COLUMN

ホームボタンがないiPhoneの基本操作をチェックしよう

iPhone 13シリーズをはじめ、新しいiPhoneにはホームボタンがないため、iPhone 8以前やiPhone SE（第2世代）とは操作が異なります。従来のiPhoneから乗り換えた人は、新しい操作を確認しておきましょう。

基本操作	新しいiPhone	従来のiPhone
画面の点灯	サイドボタンを押す／画面をタップする	ホームボタンを押す
ホーム画面の表示	画面下端から上にスワイプ	ホームボタンを押す
アプリの切り替え	画面下端から上にスワイプして指を止める	ホームボタンをすばやく2回押す
直前のアプリに戻る	画面下端を右にスワイプ	（該当操作なし）
通知の画面の表示	画面左上から下にスワイプ	画面上端から下にスワイプ
コントロールセンターの表示	画面右上から下にスワイプ	画面下端から上にスワイプ
スクリーンショットの撮影	音量を上げるボタンとサイドボタンを押す	ホームボタンとサイドボタンを押す
Siriの起動	サイドボタンを長押し	ホームボタンを長押し
Apple Payの表示	サイドボタンをすばやく2回押す（画面の点灯・非点灯を問わない）	ホームボタンをすばやく2回押す（ロック画面の非点灯時）
簡易アクセス	画面下端を下にスワイプ	ホームボタンをダブルタップ

第 9 章

疑問やトラブルを
解決しよう

以前のスマートフォンで
移行の準備をするには

これまで使ってきたスマートフォンから新しいiPhoneに移行するときは、移行をはじめる前に、いくつか準備しておきたいことがあります。このほかにも電子マネーなど利用しているサービスがあれば、移行前の準備を確認しておきましょう。

第9章　疑問やトラブルを解決しよう

連絡先や写真をバックアップしておく

●iPhoneの場合

iPhoneから移行するときは、ワザ020で説明したiCloud、macOS 10.15以降のFinder、macOS 10.14以前とWindowsではiTunesを使い、連絡先などをバックアップします。写真はiCloudにバックアップできますが、iCloudの残り容量が少ないときは、GoogleフォトやOneDriveなどにもバックアップができます。Apple WatchやApple Payを利用しているときは、次ページを参考に、iPhoneでの登録を削除します。

●Androidの場合

Androidスマートフォンから移行するときは、GmailやGoogleフォトなどを使い、新しいiPhoneにデータを引き継ぐことができます。連絡先はGmailと同期し、カレンダーは新しいiPhoneでGoogleカレンダーと同期するように設定します。写真はGoogleフォトやOneDriveにバックアップしておけば、iPhoneでも利用できます。おサイフケータイの電子マネーは、サービスごとに方法が違いますが、多くのサービスは各サービスのアプリ内で機種変更の手続きができます。

HINT　NTTドコモが提供するバックアップ用アプリやサービス

NTTドコモではiPhone向けとAndroidスマートフォン向けに、「ドコモデータコピー」というアプリを提供しています。これを使い、新しいiPhoneにデータを引き継ぐことができます。アプリの使い方などについては、NTTドコモのページで解説されているので、以下のQRコードを読み取り、確認してみましょう。

NTTドコモ
データの移行

［ドコモデータコピー］の
アプリも利用できる

●まめ知識　AndroidスマートフォンからiPhoneへの移行方法は、ワザ029で解説しています。

iPhoneから移行するときの流れ

STEP 1　Apple Watch のペアリングを解除

iPhoneとのペアリングを解除することで、Apple Watchの内容がiPhoneにバックアップされる。

STEP 2　Apple Pay のクレジットカードを削除

Suicaやクレジットカードを登録しているときは、削除する。削除してもSuicaの情報はクラウドサービスに保存されているので、残高を引き継いで、次のiPhoneで利用できる。クレジットカードは再登録をすれば、利用できる。

STEP 3　LINE の引き継ぎを設定

次ページを参考に、LINEのトーク内容などをバックアップして、次の機種で利用できるように、引き継ぎ設定をする。

STEP 4　＋メッセージの引き継ぎを設定

256ページを参考に、＋メッセージのメッセージ内容などをバックアップして、次の機種で利用できるように、引き継ぎ設定をする。

STEP 5　連絡先やカレンダーをバックアップ

ワザ020を参考に、iCloudでバックアップする。もしくはmacOSのFinderやiTunesで同期して、iPhoneに保存された内容をバックアップする。

STEP 6　写真や動画をバックアップ

ワザ078を参考に、iCloudにバックアップする。もしくはmacOSのFinderやiTunesで同期して、iPhoneに保存された内容をバックアップする。

STEP 7　データの復元

ワザ096を参考に、iCloudからデータを復元する。FinderやiTunesを利用したときはそれらを使って、復元する。

> パソコンのiTunesを使えば、STEP 5〜6のバックアップをまとめて行なうことができる

1 基本
2 設定
3 電話
4 メール
5 ネット
6 アプリ
7 写真
8 便利
9 疑問

次のページに続く ⟶

LINEの引き継ぎ

STEP 1 メールアドレスの登録を確認

LINEの引き継ぎにはメールアドレスの登録が必要になるので、アカウントに登録しておく。

STEP 2 アカウント引き継ぎ設定をオンにする

アカウント引き継ぎ設定をオンに切り替えることで、24時間はほかのスマートフォンでアカウントの引き継ぎができるようになる。

STEP 3 トークの履歴をバックアップ

iPhoneでiCloud Driveをオンに切り替え、利用できるようにする。[トークのバックアップ]から[今すぐバックアップ]を選んでバックアップする。Androidスマートフォンからはトークを引き継げないので、バックアップはしない。

STEP 4 新しい iPhone に LINE をインストール

新しいiPhoneが利用できるようになったら、[LINE]のアプリをインストールする。

STEP 5 新しい iPhone で LINE を使えるようにする

新しいiPhoneで[LINE]のアプリを起動し、メールアドレスとパスワードを入力する。SMSで送信される二段階認証の認証番号を入力する。

STEP 6 トーク履歴の復元

トーク履歴を復元するかどうかを確認する画面が表示されるので、[トーク履歴をバックアップから復元]を選んで、復元する。Androidスマートフォンからはトークを引き継げないので、復元はしない。

以前のスマートフォンのLINEの
[設定]の画面で設定を行なう

[アカウント引き継ぎ]から
引き継ぎ操作を行なう

[トーク]からトークのバック
アップ操作を行なう

●まめ知識　MNPで乗り換える場合、アプリの設定で[ユーザー情報の引き継ぎ]を行なう必要があります。

＋メッセージの引き継ぎ

iPhoneの＋メッセージのデータは、アプリの「バックアップ・復元」を使い、引き継ぐことができます。Androidスマートフォンから移行するときは、250ページで説明した各携帯電話会社のツールを使います。

STEP 1　iCloud Drive をオンにする

＋メッセージのバックアップは、iCloud Driveを利用するので、ワザ019を参考にiCloudの画面を開き、［iCloud Drive］をオンにしておく。

STEP 2　iCloud Drive で＋メッセージをオンにする

STEP 1の画面で［iCloud Drive］をオンにしたとき、下の欄に［＋メッセージ］が表示されるので、オフになっている場合はオンにしておく。

STEP 3　メッセージをバックアップ

＋メッセージを起動し、右下の［マイページ］-［設定］-［メッセージ］-［バックアップ・復元］を表示する。右の手順のようにして、バックアップを開始する。

バックアップ先の選択画面が表示されたら、［iCloud Drive］をタップする

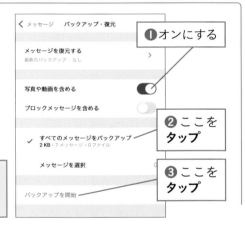

❶オンにする

❷ここをタップ

❸ここをタップ

STEP 4　新しい iPhone で iCloud Drive をオンにする

新しいiPhoneが利用できるようになったら、STEP 1と同様、新しいiPhoneでもiCloud Driveをオンにしておく。

STEP 5　新しい iPhone に＋メッセージをインストールする

［＋メッセージ］のアプリをインストールし、ワザ041を参考に、初期設定を進める。

STEP 6　新しい iPhone にメッセージを復元する

初期設定を終えると［バックアップデータの復元］の画面が表示されるので、［復元］をタップ。復元したいiCloud Driveのデータを選択し、［復元を開始］をタップする。

1 基本
2 設定
3 電話
4 メール
5 ネット
6 アプリ
7 写真
8 便利
9 疑問

iOS

iPhoneの初期設定をするには

iPhoneをはじめて起動したときや初期状態に戻した後は、初期設定が必要です。初期設定にはWi-Fi（無線LAN）によるインターネット接続か、iTunesがインストールされたWindowsパソコン、あるいはMacが必要です。

第9章　疑問やトラブルを解決しよう

1 言語の設定画面を表示する

iPhoneにドコモnanoUIMカードを装着しておく

❶サイドボタンを**長押し**して、iPhoneの電源を入れる

こんにちは

上にスワイプして開く　ⓘ

❷画面下端から上に**スワイプ**

2 言語を設定する

[日本語]を**タップ**

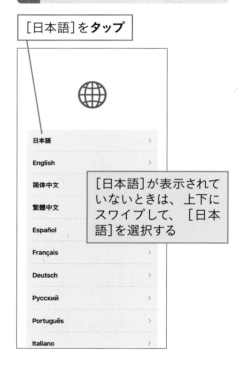

[日本語]が表示されていないときは、上下にスワイプして、[日本語]を選択する

HINT　どんなときに初期設定をするの？

iPhoneの初期設定の画面は、iPhoneの電源をはじめて入れたときに表示されるもので、iPhoneを使うための基本的な設定をします。電源を入れ直したときなどには表示されません。また、iPhoneを初期状態に戻した後は購入直後と同じ状態になるので、初期設定の画面が表示されます。

3 地域を設定する

[日本]を**タップ**

国または地域を選択

日本 >

その他の国と地域

アイスランド >

アイルランド >

アゼルバイジャン >

アセンション島 >

アフガニスタン >

アメリカ合衆国 >

アラブ首長国連邦 >

4 手動設定を選択する

以前のiPhoneから移行するときは、ワザ095を参考に、クイックスタートを利用して、初期設定ができる

ここではクイックスタートを利用しない

[手動で設定]を**タップ**

1 基本

2 設定

3 電話

4 メール

5 ネット

6 アプリ

7 写真

8 便利

9 疑問

HINT Wi-Fi（無線LAN）やパソコンに接続できないときは

iPhoneの初期設定をするとき、周囲にWi-Fiネットワークがなかったり、パソコンと接続できないときは、次ページの手順6の画面で［モバイルデータ通信回線を使用］をタップすれば、初期設定の手順を進められます。NTTドコモの電波の届くエリアでしか利用できないので、ステータスアイコンで電波状態を確認し、電波の届く場所で手順を進めましょう。また、iCloudにバックアップした内容を復元するとき、モバイルデータ通信回線を利用すると、データ通信量が増え、料金プランで選んだ月々のデータ通信量の上限に達することもあるので、注意しましょう。

次のページに続く➡

5 文字入力および音声入力の言語を確認する

[続ける]を**タップ**

< 戻る

文字入力および音声入力の言語

お住まいの地域では以下の言語が一般的によく使用されます。これらの設定を使用するようにお使いのiPhoneをセットアップすることができます。別々にカスタマイズすることも可能です。

🌐 **優先する言語**
日本語

⌨️ **キーボード**
日本語かな
English (Japan)
絵文字

🎤 **音声入力**
日本語
英語（日本）

続ける

設定をカスタマイズする

6 無線LANアクセスポイントを選択する

利用するアクセスポイントを**タップ**

< 戻る

📶

Wi-Fiネットワークを選択

🔒 📶

別のネットワークを選択

モバイルデータ通信回線を使用

Wi-Fiネットワークを利用できない場合は、モバイルデータ通信を利用してiPhoneを設定してください。

7 Wi-Fi（無線LAN）に接続する

❶パスワード（暗号化キー）を**入力**

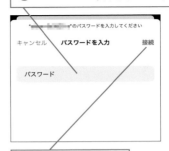

"   "のパスワードを入力してください

キャンセル　**パスワードを入力**　接続

パスワード

❷[接続]を**タップ**

再び[Wi-Fiネットワークを選択]画面が表示されたときは、[次へ]をタップする

8 [データとプライバシー]の画面が表示された

< 戻る

データとプライバシー

Appleの機能であなたの個人情報の使用が求められているときにこのアイコンが表示されます。

Appleが個人情報を収集するのは、機能を有効にする必要があるとき、サービスを保護する必要があるとき、またはユーザ体験をパーソナライズする必要があるときだけです。

Appleはプライバシーは基本的人権であると考えているため、Apple製品は個人情報の収集および使用を最小限にする、可能な限りデバイス上で処理をする、個人情報に関して透明性を提供しコントロールできるようにするという考え方に基づいて設計されています。

続ける

詳しい情報

[続ける]を**タップ**

●まめ知識　初期設定時に[位置情報サービス]をオンにすれば、地図アプリをすぐに利用できます。

9 Face IDの設定画面が表示された

ここでは設定せずに操作を進める

く 戻る

[あとでセットアップ]を**タップ**

Face ID

iPhoneで顔の固有な特徴を3次元的に認識し、
自動でロックを解除したり、Apple Payを利用
したり、買い物を〜〜〜Appleのサービス〜〜

Face IDとプライバシーについて...

続ける

あとでセットアップ

10 パスコードの設定画面が表示された

ここでは設定せずに操作を進める

く 戻る

❶ [パスコードオプ
ション]を**タップ**

パスコードを作成

パスコードはデータを保護するためのもので、
iPhoneのロック解除に使用します。

○ ○ ○ ○ ○ ○

パスコードオプション

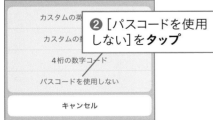

カスタムの英〜

カスタムの数〜

4桁の数字コード

❷ [パスコードを使用
しない]を**タップ**

パスコードを使用しない

キャンセル

パスコードの設定はワザ082、
Face IDの設定はワザ083を
参照する

11 パスコードの設定に関する確認画面が表示された

[パスコードを使用しない]を**タップ**

〜〜〜〜〜〜を保護するための〜〜で、

**パスコードを使用することを強
くお勧めします**

パスコードはお使いのiPhoneの機密を守
りデータを保護します。iOSおよび
Apple IDの機能の中には、パスコードが設
定されていないと使用できないものがあり
ます。

パスコードを使用しない

パスコードを作成

12 iPhoneの設定方法を選択する

ここでは新しいiPhoneとして
設定する

[Appとデータを転送しない]
を**タップ**

く 戻る

Appとデータ

このiPhoneにAppとデータを転送する方法を
選択してください。

iCloudバックアップから復元 　　　　>

MacまたはPCから復元 　　　　　　>

iPhoneから直接転送する 　　　　　>

Androidからデータを移行 　　　　　>

Appとデータを転送しない 　　　　>

バックアップから復元するときは
ワザ096を参考に、操作を続ける

1 基本
2 設定
3 電話
4 メール
5 ネット
6 アプリ
7 写真
8 便利
9 疑問

次のページに続く⟶

13 Apple IDの登録画面が表示された

ここでは設定せずに操作を進める

❶ [パスワードをお忘れかApple ID
をお持ちでない場合]を**タップ**

Apple ID

iCloud、App Store、およびその他の Apple のサービスを使用するには、Apple ID でサインインしてください。

| Apple ID | メール |

パスワードをお忘れか Apple ID をお持ちでない場合

❷ [あとで"設定"でセットアップ]
を**タップ**

< 戻る

Apple ID

パスワードまたは Apple ID をお忘れの場合 >

無料の Apple ID を作成 >

あとで"設定"でセットアップ >

Apple IDの設定はワザ019を
参照する

14 Apple IDの設定に関する確認画面が表示された

[使用しない]を**タップ**

Apple ID を使用しなくてもよろしいですか？

Apple Pay、App Store、iCloud、その他のサービスを利用するには Apple ID が必要です。Apple ID は無料で簡単に作成できます。

使用しない

Apple ID を使用

15 利用規約に同意する

❶利用規約の内容を**確認**

同意しない　　　　　　　　　　　同意する

利用規約

メールで送信

重要
お客様のiOSデバイスを使用される前に、以下の条件をお読みください。お客様がiOSデバイスをご使用になることで、お客様はiOS利用規約の拘束を受けることに同意されたことになります。

A. iOS利用規約 >

お客様のiOSデバイスを使用する前、または本ソフトウェア使用許諾契約（以下「本契約」といいます）に関するソフトウェアアップデートをダウンロードする前に、本契約をよくお読みください。iOSデバイスをご使用になること、またはソフトウェアアップデートをダウンロードすることによって、本契約の各条項の拘束を受けることに同意したことになります。本契約の各条項に同意されな

❷ [同意する]を**タップ**

16 自動アップデートを設定する

[iPhoneを常に最新の状態に] の
画面が表示された

ここでは自動でアップデート
されるように設定する

**iPhone を
常に最新の状態に**

iOSを自動的にアップデートするようにしておくと最新の機能、セキュリティ、改善を常に入手できます。

アップデートがインストールされる前に通知が

[続ける]を**タップ**

続ける

●まめ知識　Siriに話した内容はアップルのサーバーに送信され、分析の結果、回答が表示されます。

17 iMessageとFaceTimeについて設定する

[iMessageとFaceTime] の画面が表示された

ここではiMessageとFaceTimeで、電話番号とメールアドレスを使用できるようにする

〈 戻る

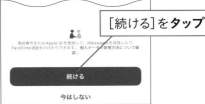

iMessage と FaceTime

あなたの電話番号またはメールアドレスを使っ…

[続ける]をタップ

電話番号または Apple ID を登録して、iMessage を送信したり FaceTime 通話をかけたりできます。個人データの管理方法について確認…

続ける

今はしない

18 位置情報サービスを設定する

ここでは位置情報サービスをオンにする

〈 戻る

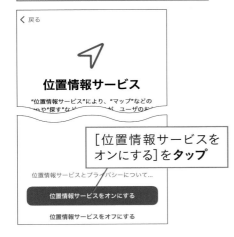

位置情報サービス

"位置情報サービス"により、"マップ"などの…や"探す"な…　ユーザのお…

[位置情報サービスをオンにする]を**タップ**

位置情報サービスとプライバシーについて…

位置情報サービスをオンにする

位置情報サービスをオフにする

19 Siriを設定する

ここではSiriを使えるようにする

〈 戻る

Siri

Siriは話しかけるだけでやりたいことを手伝ってくれます。また、Appやキーボードを使用している際には、話しかけなくてもSiriが提案を出してくれたりします。

Apple は Siri に対する操作の発音表記を保存し…記の一部をレビューする場合があります。Siri…エストを処理するために、音声入力の内容…略、連絡先情報、位置情報なども Apple に送信…お使いの Apple ID には関連付けられません。Siriについて…

[続ける]をタップ

続ける

あとで"設定"でセットアップ

20 Siri の声を設定する

ここではSiriの声を無作為に設定する

❶ [声を無作為に選択]を**タップ**

〈 戻る　　　　　　　　　　　　次へ

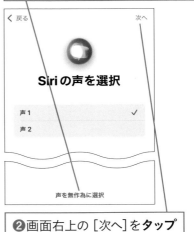

Siri の声を選択

声 1	✓
声 2	

声を無作為に選択

❷画面右上の [次へ]を**タップ**

次のページに続く →

1 基本
2 設定
3 電話
4 メール
5 ネット
6 アプリ
7 写真
8 便利
9 疑問

21 Hey Siriの設定画面が表示された

1/5

iPhoneに向かって、"Hey Siri"と言ってください

ここでは設定せずに操作を進める

["Hey Siri"をあとで設定]を**タップ**

22 [Siri]の利用方法を確認する

Siriの使い方が表示された

Siriに頼む

サイドボタンを押したままにすると、いつでもSiriに話しかけることができます。

[続ける]を**タップ**

23 オーディオ録音を設定する

音声入力などの改善についての画面が表示された

ここではオーディオ録音を共有する

Siriと音声入力の改善

Siri、音声入力、翻訳に対する操作の音声をこのiPhoneおよびiPhoneに接続されているすべてのApple Watch、Apple TV、HomePod、またはホームアクセサリからオーディオ収録したものを、Appleが保存することを許可することで、Siriと音声入力の改善にご協力いただけま

オーディオ録音を共有

今はしない

[オーディオ録音を共有]を**タップ**

24 スクリーンタイムの設定を確認する

[スクリーンタイム]の画面が表示された

スクリーンタイム

画面を見ている時間についての週間レポートを見て、管理対象にするAppの制限時間を設定できます。お子様のデバイスでスクリーンタイムを使用してペアレンタルコント
ることもできます

[続ける]を**タップ**

続ける

あとで"設定"でセットアップ

25 iPhoneの解析に関する画面が表示された

iPhone解析

iPhoneの使用状況データの解析を可能にすることで、Appleの製品およびサービスの向上にご協力いただけます。これはあとから"設定"で変更できます。

すべての解析はディファレンシャルプライバシーのようなプライバシー保護技術を使用して行われ、あなた個人またはお使いのアカウントに関連づけられることはありません。

デバイス解析とプライバシーについて...

Appleと共有

共有しない

[Appleと共有]を**タップ**

26 アプリの動作情報送付に関する画面が表示された

App解析

Appアクティビティやクラッシュデータを...ple経由でA......共有する...

App解析とプライバシーについて...

Appデベロッパと共有

共有しない

[Appデベロッパと共有]を**タップ**

27 外観モードに関する画面が表示された

ここでは変更せずに操作を進める

外観モード

外観モードでライトまたはダークを選択してiPhoneがどのように調整されるかを確認してください。

9:41　　9:41

ライト　　ダーク
✓　　○

続ける

[続ける]を**タップ**

HINT スクリーンタイムで何ができるの?

手順24の画面にある「スクリーンタイム」は、iPhoneを操作している時間の情報を確認したり、制限できる機能です。iPhoneを使わない時間を設定したり、どのアプリをどれくらい使ったのかなどを確認することもできます。

次のページに続く —➡

1 基本
2 設定
3 電話
4 メール
5 ネット
6 アプリ
7 写真
8 便利
9 疑問

28 拡大表示に関する画面が表示された

ここでは標準のままで操作を進める

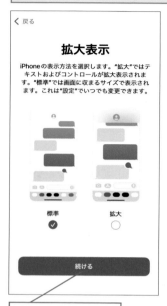

[続ける]を**タップ**

29 初期設定を終了する

画面下端から上に**スワイプ**

ホーム画面が表示される

HINT 「iPhoneの設定を完了する」と表示されたときは

iPhoneの初期設定の完了後、[設定]の画面を表示すると、右図のように、[iPhoneの設定を完了する]という項目に数字のバッジが表示されることがあります。これはApple IDやSiriなどの設定が完了していないためです。[設定]の画面で[iPhoneの設定を完了する]－[設定を完了してください]の順にタップし、それぞれの項目について、設定すれば、バッジは表示されなくなります。

残りの設定があることを示すバッジが表示されている

●まめ知識　世界初のスマートフォンは1994年に米国で発売されたIBMのSimonと言われています。

以前のiPhoneから
簡単に移行するには

iPhoneからiPhone 13シリーズに機種変更したときは、「クイックスタート」という機能を使い、これまで使ってきたiPhoneの内容を簡単に引き継いで、新しいiPhoneに移行できます。以前のiPhoneを用意して、作業を進めましょう。

1 新しいiPhoneでクイックスタートの準備をする

ワザ098を参考に、以前のiPhoneを最新のiOSにアップデートしておく

ワザ020、093を参考に、以前のiPhoneでデータをバックアップしておく

❶新しいiPhone に電源を入れる

ホーム画面が表示されているときは、ワザ097を参考に初期状態に戻し、ワザ094を参考に[クイックスタート]の画面を表示しておく

❷以前のiPhoneを新しいiPhoneに近づける

2 以前のiPhoneで設定を続ける

以前のiPhoneで、[新しいiPhoneを設定]の画面が表示された

以前のiPhoneでサインインしているApple IDが表示された

[続ける]をタップ

次のページに続く—→

1 基本

2 設定

3 電話

4 メール

5 ネット

6 アプリ

7 写真

8 便利

9 疑問

3 以前のiPhoneで、
新しいiPhoneの画面を読み取る

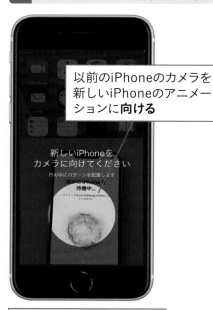

以前のiPhoneのカメラを
新しいiPhoneのアニメー
ションに**向ける**

新しいiPhoneを
カメラに向けてください

円の中にパターンを配置します

ほかのiPhone から
待機中...

このメッセージをほかのiPhoneが近くにあると
さてします。

カメラがアニメーションを
すぐに読み取る

HINT クイックスタートでは
何が引き継がれるの？

クイックスタートで新しいiPhone
を設定すると、以前のiPhone
に設定されていた言語や地域、
Wi-Fiネットワーク、キーボード、
Siriへの話しかけ方などの情報が
引き継がれます。クイックスター
トを使わずに、ワザ096を参考
に、iCloudやiTunesのバックアッ
プから復元することもできます。

---

4 新しいiPhoneで、
引き継ぎの設定を進める

ワザ094を参考に、初期設定を
進める

["○○（以前のiPhone名）"から
データを転送]と表示されたとき
は［続ける］をタップする

❶以前のiPhoneのパスワードを**入力**

❷以前のiPhoneの古いパスコード
を**入力**

‹ 戻る

**新しいiPhone に設定を
移行**

ほかのiPhone で使用していた設定がすべてこ
こに表示されています。

詳細情報...

⬦ **App とデータ**
iPhone から直接転送する

⚙ **設定**
Siri、App解析、およびその他 ›

[新しいiPhoneに設定を移行]
の画面が表示された

続ける

設定をカスタマイズする

❸ ［続ける］を**タップ**

ワザ094を参考に、初期設定を
進める

以前のiPhone に［転送が完了しま
した］と表示されたら、［続ける］を
タップする

096

初期設定と移行

iOS

以前のiPhoneの
バックアップから移行するには

ワザ095のクイックスタートを使わないときは、今まで使ってきたiPhoneの内容をバックアップして、引き継ぐことができます。バックアップからの復元には、iCloudから復元する方法とパソコンのiTunesなどから復元する方法があります。

iCloudのバックアップからの復元

1 [iCloud]のサインイン画面を表示する

ワザ020、ワザ093を参考に、以前のiPhoneのデータをバックアップしておく

ワザ097を参考に、新しいiPhoneを初期状態に戻しておく

ワザ094を参考に、操作を進め、[Appとデータ] の画面を表示しておく

[iCloudバックアップから復元]をタップ

2 Apple IDを入力する

古いiPhoneで使っていたApple IDでサインインする

❶Apple IDを入力　　❷[次へ]をタップ

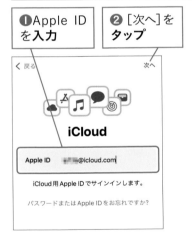

HINT iCloudバックアップの復元は制限がある

iCloudのバックアップは、パソコンで音楽CDから取り込んだ楽曲などが復元されません。Windowsパソコンの iTunesやMacに接続して、転送し直しましょう。

次のページに続く⟶

1 基本
2 設定
3 電話
4 メール
5 ネット
6 アプリ
7 写真
8 便利
9 疑問

3 パスワードを入力して サインインする

❶パスワードを**入力**

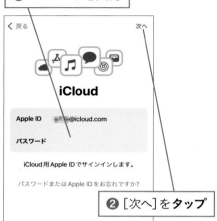

❷［次へ］を**タップ**

4 利用規約に同意する

❶利用規約を**確認**

❷［同意する］を**タップ**

パスコードの入力画面が表示されたときは、古いiPhoneで設定したパスコードを入力する

5 バックアップを選択する

復元するバックアップを**タップ**

6 バックアップを続ける

［新しいiPhoneに設定を移行］の画面が表示された

［続ける］を**タップ**

ワザ094を参考に、操作を進め、初期設定を完了する

復元が開始されるので、完了するまで、しばらく待つ

パソコンのバックアップからの復元

これまでWindowsにインストールされたiTunesやMacでバックアップをしていたときは、265ページの手順1で［MacまたはPCから復元］を選び、新しいiPhoneを接続すると、復元できます。

新しいiPhoneとパソコンを接続しておく

❶ここをクリックして、復元するバックアップを**選択**

❷［続ける］を**クリック**　復元が完了するまで、しばらく待つ

1 基本

2 設定

3 電話

4 メール

5 ネット

6 アプリ

7 写真

8 便利

9 疑問

HINT　携帯電話から機種変更するときに注意することは

従来型の携帯電話などからiPhoneに機種変更するときは、注意が必要です。従来型の携帯電話向けに提供されたサービスには、iPhoneで利用できないものがあるため、これらを解約します。ソーシャルゲームなどもiPhoneで利用できないものがあります。また、電話帳は引き継ぐことができますが、携帯電話で撮影した写真や動画などは、一度、パソコンに取り込んだうえで、iPhoneにコピーする必要があります。おサイフケータイで利用していた「モバイルSuica」などのキャッシュレスサービスは、Apple Payで再登録することで、利用できるようになります。

設定

iPhoneを初期状態に戻すには

iPhoneを譲渡したり、売却するとき、あるいは修理に出すときは、iPhoneを初期状態に戻す必要があります。iCloudやパソコンにバックアップを取った後、保存されたデータや設定、個人情報などを一括で消去して、初期状態に戻しましょう。

第9章　疑問やトラブルを解決しよう

1 [転送またはiPhoneをリセット] の画面を表示する

次ページのHINTを参考に、[iPhoneを探す]をオフに設定しておく

ワザ017を参考に、[設定]の画面を表示し、[一般]をタップしておく

[転送またはiPhoneをリセット] を**タップ**

HINT　なぜ、[iPhoneを探す] をオフにするの？

[iPhoneを探す] をオフにしないと、iPhoneにロックがかかってしまいます。そのため、修理ができなかったり、譲渡したときに次の人が利用できないからです。

2 [このiPhoneを消去]の画面を表示する

[転送またはiPhoneをリセット]の画面が表示された

[リセット] をタップすると、ネットワークやキーボードの設定をリセットできる

[すべてのコンテンツと設定を消去] を**タップ**

　●まめ知識　iCloudからの復元でもiTunes Storeで購入した音楽やビデオはiPhoneに復元されます。

3 初期化を開始する

[このiPhoneを消去] の画面が表示された

消去される内容が表示された

このiPhoneを消去

消去すると Apple ID からサインアウトされ、個人データが削除されるので、このiPhoneを安全に下取りに出したり、譲渡したりできます。

以下の項目がこのiPhoneから安全に削除されます:

Appおよびデータ
18.57 GB

Apple ID
滝沢孝之

探す
アクティベーションロック

続ける

今はしない

[続ける]を**タップ**

iCloudバックアップの確認画面が表示されたときは、[アップロードを完了]をタップする

4 パスコードを入力する

[このiPhoneのパスコード] の画面が表示された

パスコードを**入力**

このiPhoneのパスコード

このiPhoneのロック解除に使用されたパスコードを入力してください。

● ● ● ● ● ○

[Apple IDパスワード] の画面が表示されたときは、Apple IDのパスワード入力すると、[iPhoneを探す]とアクティベーションロックがオフになる

5 初期化を実行する

[iPhoneを消去]を**タップ**

続けてもよろしいですか? すべてのメディア、データ、および設定を消去します。この操作は取り消せません。

iPhoneを消去

キャンセル

iPhoneが初期化される

HINT リセット前に必ず [iPhoneを探す]をオフにする

iPhoneを初期状態に戻すには、[iPhoneを探す]をオフにします。[設定]の画面でユーザー名を選び、[探す]の画面を表示して、[iPhoneを探す]をオフに切り替えます。切り替えるときには、Apple IDのパスワードの入力が必要です。[iPhoneを探す]がオンのままで初期化をはじめたときも途中でApple IDとパスワードを入力し、オフにできます。

1 基本
2 設定
3 電話
4 メール
5 ネット
6 アプリ
7 写真
8 便利
9 疑問

098

設定

アップデート

iPhoneを最新の状態に 更新するには

iPhoneに搭載されている基本ソフト「iOS」は、発売後も新機能の追加や不具合の修正などで、アップデート（更新）されます。自動アップデートの機能が有効で、iOSが最新のものに更新されていることを確認しましょう。

第9章　疑問やトラブルを解決しよう

1 [ソフトウェア・アップデート]の画面を表示する

iPhoneを電源か、パソコンにLightning - USBケーブルで接続しておく

ワザ017を参考に、Wi-Fi（無線LAN）に接続しておく

ワザ097を参考に、[一般]の画面を表示しておく

[ソフトウェア・アップデート]を**タップ**

2 アップデートの状況を確認する

[自動アップデート]をタップして、[iOSアップデートをダウンロード]がオンになっていることを確認する

[ダウンロードしてインストール]、または[今すぐインストール]と表示されているときは、タップすると手動でアップデートを実行できる

HINT 自動アップデートが実行されないときは

iOSの自動アップデートは実行前に通知が表示され、夜間に自動的に実行されるため、日中はiOSが自動的に更新されないことがあります。また、自動アップデートはiPhoneが充電器に接続され、Wi-Fiで接続されているときに実行されます。それ以外のときは手動でアップデートを実行します。

270 ●まめ知識　アップル製品の正規修理対応を行なっている量販店などもあります。

トラブル解決

iPhoneの動きが
止まってしまったら

iPhoneで特定のアプリが起動せずにホーム画面が表示されたり、画面をタップしても反応がないなど、iPhoneが正常に動作しないときは、再起動（リスタート）させると、正常な状態に戻ることがあります。

1 基本

2 設定

3 電話

4 メール

5 ネット

6 アプリ

7 写真

8 便利

9 疑問

❶音量を上げるボタンを**押してすぐに離す**

❷音量を下げるボタンを**押してすぐに離す**

❸アップルのマークが表示されるまで、サイドボタンを**押し続ける**

アップルのロゴマークが表示された後にiPhoneが再起動する

HINT **iPhoneが不調のときは**

特定のアプリが操作できないときは、33ページのHINTを参考に、アプリの強制終了をします。

HINT **iPhoneが壊れたときはどうしたらいいの？**

iPhoneを壊してしまったり、正常に動作しなくなったときは、「ドコモインフォメーションセンター」（0120-800-000）に連絡してみましょう。最寄りのApple Storeでも相談ができますが、ドコモショップ丸の内店、iPhone/iPadリペアコーナー名古屋では、修理を受け付けています。iPhoneの修理を依頼するとき、代替機が用意されないことがありますが、「ケータイ補償サービス」に加入しているときは、「ケータイ補償お届けサービスセンター」やMy docomoから手続きをして、交換用のiPhoneを送ってもらうことができます。

トラブル解決

iPhoneをなくしてしまった ときは

設定

iPhoneを紛失したときは、iCloudの［iPhoneを探す］で探すことができます。iPhoneのiCloudの設定で、［iPhoneを探す］がオンになっていれば、パソコンのWebブラウザーでiCloudのWebページで探すことができます。

第9章 疑問やトラブルを解決しよう

［iPhoneを探す］の設定の確認

1 ［iPhoneを探す］の画面を 表示する

ワザ020を参考に、［Apple ID］の画面を表示しておく

❶ ［探す］を**タップ**

❷ ［iPhoneを探す］を**タップ**

2 ［iPhoneを探す］の設定を 確認する

［iPhoneを探す］のここをタップすると、オン／オフを切り替えられる

［最後の位置情報を送信］のここをタップして、オンにすると、バッテリー残量が少ないときに位置情報が送信される

HINT iPhoneの紛失に備えよう

iPhoneを紛失したり、盗まれたとき、第三者に不正に使われないように、ワザ082のパスコードやワザ082のFace IDを設定しておきましょう。また、ワザ093を参考に、バックアップを取っておくと、新しいiPhoneに買い換えたときもすぐに以前のデータを復元できるので、安心です。

パソコンを利用したiPhoneの検索

1 iCloudのWebページを表示する

前ページの手順を参考に、iPhoneの
[iPhoneを探す]をオンにしておく

❶Webブラウザーで「https://
www.icloud.com/」を**表示**

❷Apple IDを入力　　❸ Enter キーを**押す**

❹パスワードを**入力**　　❺ Enter キーを**押す**

2 iPhoneの位置検索を開始する

[2ファクタ認証]の画面が
表示された

2ファクタ認証はせずに、iPhoneの
位置検索を開始する

[iPhoneを探す]を**クリック**

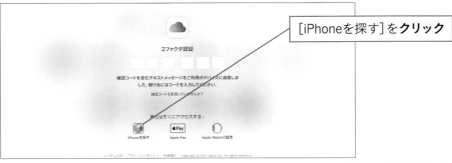

次のページに続く ——→

1 基本

2 設定

3 電話

4 メール

5 ネット

6 アプリ

7 写真

8 便利

9 疑問

iPhoneの電源が入っていて、圏外でなければ、地図上に表示される

緑色のアイコンをクリックして、①をクリックすると、遠隔操作の画面が表示される

ここからiPhoneの遠隔操作ができる

HINT 遠隔操作でiPhoneのデータを消去できる

iPhoneにはさまざまなデータが保存されています。もし、iPhoneを紛失したり、盗まれたりしたときは、このワザで解説したように、iCloudから探すことができます。手順3のように、①をクリックして、「サウンド再生」や「紛失モード」の操作ができます。万が一の場合、保存されているデータの悪用を防ぐため、遠隔操作でiPhoneのデータを消去する「iPhoneを消去」も実行できます。ただし、これらの機能はiPhoneの位置情報サービスがオフになっていると、利用できません。また、iPhoneの電源がオフになっているときは、サウンド再生や紛失モードなどもすぐに実行されず、次回、iPhoneの電源がオンになったときに実行されます。

Apple IDのパスワードを忘れたときは

Apple IDのパスワードがわからなくなったときは、この手順で、パスワードを再設定することができます。パスワードを再設定するには、Apple IDに登録したメールアドレスが必要です。

1 基本

2 設定

3 電話

4 メール

5 ネット

6 アプリ

7 写真

8 便利

9 疑問

1 [パスワードとセキュリティ]の画面でパスワードを変更する

ワザ084を参考に、[パスワードとセキュリティ]の画面を表示しておく

[パスワードの変更]をタップ

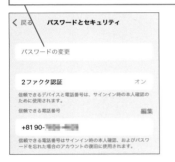

2 パスコードを入力する

パスコードの入力画面が表示された

パスコードを入力

3 新しいパスワードを入力する

[パスワードの変更]の画面が表示された

❶新しいパスワードを入力

❷[変更]をタップ

パスワードが変更される

HINT 「信頼できる電話番号」を確認しておこう

「Apple IDを管理」のWebページでもパスワードを再設定ができます。本人確認には、手順1の画面にある「信頼できる電話番号」を利用します。[信頼できる電話番号]の[編集]をタップして、自分が利用できるほかの携帯電話や自宅の電話番号を追加しておけば、iPhoneを紛失した場合でもすぐにパスワードの再設定ができます。ただし、その電話に応答した人が誰でもパスワードを再設定できるので、会社などの電話番号は設定しないようにしましょう。

設定

トラブル解決

iPhoneの空き容量を
確認するには

iPhone 13シリーズはそれぞれのモデルごとに、アプリや写真、映像などを保存できる本体の容量が決まっています。自分のiPhoneの空き容量がどれくらいなのかを確認する方法について、説明します。

第9章

疑問やトラブルを解決しよう

1 [iPhoneストレージ]の
画面を表示する

ワザ097を参考に、[一般]の
画面を表示しておく

設定	一般	
情報		>
ソフトウェア・アップデート		>
AirDrop		>
AirPlay と Handoff		>
ピクチャ・イン・ピクチャ		>
CarPlay		>
iPhoneストレージ		>
App のバックグラウンド更新		>
日付と時刻		>
キーボード		>
フォント		>
言語と地域		>
辞書		>

[iPhoneストレージ]を**タップ**

2 iPhoneの空き容量を確認する

[iPhoneストレージ]の画面が
表示され、iPhoneの容量の使
用状況が表示された

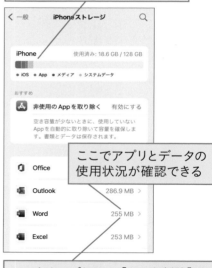

ここでアプリとデータの
使用状況が確認できる

ここをタップして、[Appを削除]を
タップすると、アプリとデータが削
除される

HINT **空き容量が足りないときは**

本体の空き容量が少なくなると、アプリをインストールできなくなったり、iOSのアップデートができなくなります。空き容量が残り少ないときは、不要なアプリや写真、ビデオなどを削除しましょう。

iCloudの容量を確認するには

iCloudにはiPhoneのバックアップや写真などに加え、同じApple IDを登録したiPadやMacなどのデータも保存されています。iCloudの残り容量は、[設定]の[iCloud]の画面で確認できます。iCloudは最大5GBまで無料で利用できますが、それ以上、使いたいときは[ストレージプランの変更]で、有料サービスのiCloud＋を申し込みます。iCloud＋ではストレージが月額130円で50GBまで、月額400円で200GB、月額1,300円で2TBまで使えます。Apple MusicやApple TV＋などと組み合わせたApple Oneも利用できます。

> ワザ020を参考に、[iCloud]の画面を表示しておく

> iCloudの残り容量が表示されている

> ❶ [ストレージを管理]を**タップ**

> ❷ [ストレージプランを変更]を**タップ**

> iCloud+の説明画面が表示された

> [iCloud+にアップグレード]をタップすると、アップグレードできる

1 基本

2 設定

3 電話

4 メール

5 ネット

6 アプリ

7 写真

8 便利

9 疑問

契約内容

NTTドコモの契約内容を確認するには

NTTドコモのiPhoneを利用しているときは、［My docomo］で料金プランの変更、オプションサービスの申し込みなどの手続きができます。My docomoはWebブラウザーで表示できるほか、アプリも提供されています。

「My docomo」を利用できるようにしておこう

「My docomo」はNTTドコモを利用するユーザーのためのサポートサイトです。月々の料金やデータ量の確認をはじめ、料金プランの変更、オプションサービスの申し込みなどを24時間いつでも受け付けています。待ち時間もなく、すぐに手続きができます。My docomoを利用するには、登録が必要ですが、すでにdアカウントを持っているときは、すぐにログインができます。また、My docomoはアプリも提供されているので、App Storeからダウンロードして、iPhoneにインストールしておくと便利です。

> ［お困りのとき］をタップすると、各種サポートのメニューが表示される

> ワザ021、052を参考に、［My docomo］のアプリをインストールしておく

HINT ブックマークからアクセスできる

NTTドコモのiPhoneを利用しているときは、［Safari］のブックマークから「お客様サポート」を選ぶと、すぐに「My docomo」のページが表示されます。Wi-Fiをオフにした状態でアクセスすると、dアカウントの認証がスムーズになります。ahamoを契約している場合も同じように「My docomo」が利用できます。

第9章　疑問やトラブルを解決しよう

データ通信量の節約

毎月のデータ通信量を確認するには

NTTドコモでは選んだ料金プランによって、その月に利用できるデータ通信量が決まっています。［My docomo］のアプリまたはWebページを表示して、その月に利用可能なデータ通信量を確認しましょう。

1 ［My docomo］のアプリを起動する

ワザ006を参考に、ホーム画面を切り替える

［My docomo］を**タップ**

2 データ通信量のグラフを表示する

［データ・料金］の画面に利用したデータ通信量が表示された

［詳細を確認］を**タップ**

HINT 「My docomo」のアプリをインストールしておこう

ワザ051〜052を参考に、App Storeで「My docomo」と入力して検索すると、「My docomo」のアプリが見つかります。アプリをインストールして、使えるようにしておきましょう。

次のページに続く→

1 基本
2 設定
3 電話
4 メール
5 ネット
6 アプリ
7 写真
8 便利
9 疑問

3 データ通信量のグラフを確認する

利用済みデータ量がグラフで表示された

[直近3日間のご利用状況]の[サイトで確認]を**タップ**

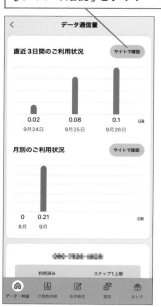

4 データ通信量の詳細を確認する

[Safari]が起動し、[My docomo]のWebページが表示された

3日間のデータ通信量などの詳細が確認できる

HINT　データ通信量の確認に役立てよう

NTTドコモでは契約している料金プランによって、その月に利用できるデータ通信量が決まっています。たとえば、「5Gギガホ プレミア」はテザリング（インターネット共有）を含め、無制限にデータ通信が利用できますが、海外で利用する「パケットパック海外オプション」のデータ通信量が30GBを超えると、送受信時の通信速度が1Mbpsに制限されます。また、「5Gギガライト」は利用したデータ通信量に応じて、1/3/5/7GBの4段階で料金が変わります。ahamoについては最大20GBまでデータ通信が利用でき、これを超えたときは1GB分を550円で追加することができます。いずれのプランを契約している場合もデータ通信量は使い方や料金に関係するので、My docomoなどで確認するように心がけましょう。

●まめ知識　iPhoneは世界中で販売されているので、渡航先でケースを購入できるのも魅力です。

105

設定

データ通信量を節約するには

契約しているデータ通信量の残りが少ないときは、iPhoneの［省データモード］
を有効にすると、データ通信量を節約できます。音楽や映像サービスの品質は
少し抑えられ、バックグラウンドでの通信も制限されます。

1 ［通信のオプション］の画面を表示する

ワザ017を参考に、［設定］の
画面を表示しておく

❶［モバイル通信］を**タップ**

［モバイル通信］の画面が
表示された

❷［通信のオプション］を**タップ**

2 ［省データモード］を設定する

❶［データモード］を**タップ**

❷［省データモード］を**タップ**

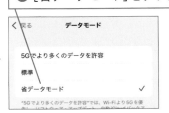

各アプリの自動通信を
減らすように設定される

HINT アプリごとのデータ通信量を確認するには

どのアプリがどれくらいデータ通
信量を消費しているのかは、手
順1の［モバイル通信］の画面を
スクロールすると、確認できます。
これを参考に、データ通信量の
多いアプリの利用を控えるのも
手です。

1 基本

2 設定

3 電話

4 メール

5 ネット

6 アプリ

7 写真

8 便利

9 疑問

COLUMN

iPhone 13は5G対応で
通信速度がさらに向上

iPhone 13シリーズは通信速度などが大幅に高速化した新しい通信方式である5G（第5世代移動通信システム）に対応しています。これまでの4Gでは繁華街や商業施設など、利用者が多い場所で通信速度が低下することがありましたが、5Gではより広い周波数帯域が利用できるため、混雑することなく、高速な通信ができます。NTTドコモの5Gエリアはまだ限定的ですが、都市の中心部や駅前などにエリアを拡大し、ステータスバーに「5G」と表示されることも増えています。NTTドコモの5Gネットワークに接続するには、5Gに対応した料金プラン「5Gギガホ プレミア」「5Gギガライト」のいずれかを契約する必要があります。4G契約のまま、iPhone 13シリーズを使うことは、動作保証対象外になります。5Gの契約をしていても5Gが使えない場所では、従来と同じように4Gを利用します。5Gの方がバッテリー消費がわずかに増えますが、iPhoneには高速通信が必要なときだけ5G通信をする「5Gオート」という機能が搭載されています。

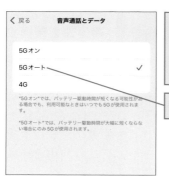

［設定］-［モバイル通信］-［通信のオプション］-［音声通話とデータ］の順にタップする

5Gの利用方法を選択できる

🔍 索引

た

は

■著者

法林岳之（ほうりん たかゆき）

1963年神奈川県出身。パソコンのビギナー向け解説記事からハードウェアのレビューまで、幅広いジャンルを手がけるフリーランスライター。『ケータイ Watch』（インプレス）などのWeb媒体で連載するほか、Impress Watch Videoでは動画コンテンツ『法林岳之のケータイしようぜ!!』も配信中。主な著書に『できるWindows 11』（共著）（インプレス）などがある。
URL：http://www.hourin.com/takayuki/

清水理史（しみず まさし）

1971年東京都出身。雑誌やWeb媒体を中心にOSやネットワーク、サーバー関連の記事を数多く執筆するフリーライター。『INTERNET Watch』（インプレス）にて、ネットワーク関連の話題を扱う『イニシャルB』を連載中。主な著書に『できるWindows 11』（共著、インプレス）などがある。

橋本 保（はしもと たもつ）

1967年東京都出身。情報誌やWeb媒体などでケータイなどの記事を執筆するフリーライター。気が向いたときにブログ「はしもとたもつのケータイロバの耳」（http://keitai-robanomimi.blogspot.jp）を更新中。

白根雅彦（しらね まさひこ）

1976年東京都出身。インプレスのWeb媒体『ケータイ Watch』の編集スタッフを経て、フリーライターとして独立。雑誌や『ケータイ Watch』などのWeb媒体で、製品レビューから海外イベント取材まで、幅広く記事を執筆する。主な得意ジャンルは携帯電話やスマートフォン。

■できるシリーズの主な著書

『できるfit auのiPhone 13/mini/Pro/Pro Max 基本＋活用ワザ』
『できるfit ソフトバンクのiPhone 13/mini/Pro/Pro Max 基本＋活用ワザ』
『できるfit ドコモのiPhone 12/mini/Pro/Pro Max 基本＋活用ワザ』
『できるfit auのiPhone 12/mini/Pro/Pro Max 基本＋活用ワザ』
『できるfit iPhone SE 第2世代 基本＋活用ワザ ドコモ/au/ソフトバンク完全対応』
『できるfit ドコモのiPhone 11/Pro/Pro Max 基本＋活用ワザ』
『できるfit auのiPhone 11/Pro/Pro Max 基本＋活用ワザ』
『できるfit ソフトバンクのiPhone 11/Pro/Pro Max 基本＋活用ワザ』

STAFF

カバーデザイン／本文フォーマット	伊藤忠インタラクティブ株式会社
カバー／本文撮影	加藤丈博
本文イラスト	町田有美・松原ふみこ
素材提供	Apple Japan
DTP制作／編集協力	株式会社トップスタジオ
デザイン制作室	今津幸弘 <imazu@impress.co.jp>
	鈴木 薫 <suzu-kao@impress.co.jp>
編集	瀧坂 亮 <takisaka@impress.co.jp>
編集長	柳沼俊宏 <yaginuma@impress.co.jp>

■商品に関する問い合わせ先
このたびは弊社商品をご購入いただきありがとうございます。本書の内容などに関するお問い合わせ
は、下記のURLまたはQRコードにある問い合わせフォームからお送りください。

https://book.impress.co.jp/info/

上記フォームがご利用頂けない場合のメールでの問い合わせ先
info@impress.co.jp

※お問い合わせの際は、書名、ISBN、お名前、お電話番号、メールアドレスに加えて、「該当するページ」と「具
体的なご質問内容」「お使いの動作環境」を必ずご明記ください。なお、本書の範囲を超えるご質問にはお答え
できないのでご了承ください。

●電話やFAXでのご質問には対応しておりません。また、封書でのお問い合わせは回答までに日数をいただく
場合があります。あらかじめご了承ください。
●インプレスブックスの本書情報ページ https://book.impress.co.jp/books/1121101061 では、本書のサポー
ト情報や正誤表・訂正情報などを提供しています。あわせてご確認ください。
●本書の奥付に記載されている初版発行日から3年が経過した場合、もしくは本書で紹介している製品やサー
ビスについて提供会社によるサポートが終了した場合はご質問にお答えできない場合があります。

■落丁・乱丁本などの問い合わせ先
TEL 03-6837-5016 FAX 03-6837-5023
service@impress.co.jp
(受付時間／10:00～12:00、13:00～17:30 土日祝祭日を除く)
※古書店で購入された商品はお取り替えできません。

■書店／販売会社からのご注文窓口
株式会社インプレス 受注センター
TEL 048-449-8040
FAX 048-449-8041

できるfit
ドコモのiPhone 13 / mini / Pro / Pro Max
基本 + 活用ワザ

2021年11月1日 初版発行

著　者　法林岳之・橋本 保・清水理史・白根雅彦 & できるシリーズ編集部

発行人　小川 亨

編集人　高橋隆志

発行所　株式会社インプレス
〒101-0051　東京都千代田区神田神保町一丁目105番地
ホームページ　https://book.impress.co.jp/

印刷所　大日本印刷株式会社
ISBN978-4-295-01287-0 C3055

Printed in Japan